U0307816

Python应用实战

爬虫、文本分析与可视化

▶ ▶ ▶ ▶ ▶ 张丽　张鹏　彭笛　编著

電子工業出版社
Publishing House of Electronics Industry
北京 · BEIJING

内 容 简 介

欢迎来到 Python 的世界。本书介绍了 Python 的语法、数据结构等基础知识，以及经典的 Python 爬虫、网页文本分析及可视化。在本书中，读者不仅可以与 Python "结识"，还会遇到新 "朋友" ———浏览器的开发者工具，通过它来了解 HTML 编写网页的语言，并进行结构化的网页分析和所需数据的提取。

拿来主义特别适合来类比 Python 语言中的库，Python 将与 re、requests、lxml 等经典的库组合在一起，自动抓取网页数据的爬虫。Pandas 这个工具会对抓取的数据进行文本分析，并实现将枯燥的数据进行漂亮的可视化呈现。

千里之行，始于足下，欢迎进入本书的奇妙之旅。

图书在版编目（CIP）数据

Python 应用实战：爬虫、文本分析与可视化 / 张丽，张鹏，彭笛编著. —北京：电子工业出版社，2020.3
ISBN 978-7-121-38013-6

Ⅰ. ① P…　　Ⅱ. ① 张… ② 张… ③ 彭…　　Ⅲ. ① 软件工具－程序设计－高等学校－教材　　Ⅳ. ① TP311.561

中国版本图书馆 CIP 数据核字（2019）第 263832 号

策划编辑：章海涛
责任编辑：底　波
印　　刷：北京京师印务有限公司
装　　订：北京京师印务有限公司
出版发行：电子工业出版社
　　　　　北京市海淀区万寿路 173 信箱　　邮编：100036
开　　本：787×1092　1/16　印张：11　　字数：280 千字
版　　次：2020 年 3 月第 1 版
印　　次：2020 年 9 月第 2 次印刷
定　　价：42.00 元

凡所购买电子工业出版社图书有缺损问题，请向购买书店调换。若书店售缺，请与本社发行部联系，联系及邮购电话：（010）88254888，88258888。

质量投诉请发邮件至 zlts@phei.com.cn，盗版侵权举报请发邮件至 dbqq@phei.com.cn。

本书咨询联系方式：192910558（QQ 群）。

前　言

打开本书，请记下今天的日期，同时记住 30 天内要完成本书内容的学习。那么 Python 是什么？为什么要学习 Python？我作为一名受益者，亲历了从一个编程小白到学会使用 Python 进行自动化的工具开发，以及编写自己工作中需要代码的过程。

大学学习 C 语言编程的时候，老师上课讲的知识我都听懂了，但我就是不会编写程序。这个问题困扰了我很久。现在回头想想学习编程有两种境界：痴迷和崩溃。我应该就是学到崩溃了吧。参加工作以后，我因为工作需要自学了 Python，看着编写的代码运行起来，心情也跟着放飞了，即使过程中遇到各种错误和异常状况，我也会专注地投入去解决问题。

初学编程语言很容易陷入复杂的逻辑中而一筹莫展，久而久之就会逐步放弃，所以选择一门好的编程语言就是成功的一半。使用 Python 编程不用很费劲就能实现想要的代码功能，编写的代码也清晰易懂，并且能够保持自己的编码风格。

本书围绕学会编程并能使用编程语言进行程序设计、围绕数据进行处理的主题，介绍编程和相关的知识。

学以致用是一条很幸福的学习道路。本书面向那些希望学习一门编程语言并想对数据进行处理的读者。如果你是 Python 语言的小白，那么请从第 1 章开始学习；如果你已经具备 Python 编程的基础，那么请跳过第 1 章，从第 2 章开始学习。仅凭几行代码搞定复杂的文本处理任务，是不是很酷？快速进行项目实战，就不会失去学习的兴奋点。

保持幽默是 Python 语言和社区的传统，你在学习的过程中，输入 import this 后就会体验到了。那么就按照 import this 输出的箴言前进吧。好了，祝你编程愉快，30 天后见。

本书特色

本书能让你在 30 天内将 Python、HTML、爬虫、数据抓取、文本分析和数据可视化等技术，从应用流程上将各个知识点串联起来。30 天后，你将有如下收获。

1．获得 Python 语言的基础技能，学会用程序员的思维来处理问题。

2．了解 HTML，学会使用强大的网页分析工具，轻松获取网页中的数据。在面对大量数据时，会借助 Python，学习怎样自动抓取。

3．当抓取的数据（文本）杂乱无章时，文本分析的方法可对数据进行清洗，你将了解到正则表达式的强大。

4．当干净的数据被导入后，你会学习分析这些数据，将枯燥的数据转化为可视化的、生动的图片。

通过上述学习之后，你能够对 Python 工具生态圈有一个完整的认识，了解自己在这个生态圈中的定位，决定自己后续的升级（学习）方向。

作　者

本书配套教学资源

全书彩色图片　　　　　　　全书源代码

目　　录

第1章　初识 Python

什么是 Python？

很多人学习一门语言，大多会问这种语言有什么与众不同？也许读者拿起这本书也会问为什么要学习 Python 呢？简单地回答，编程能控制计算机实现自己的一些想法，是一种美好的体验。首先 Python 作为一门编程语言，与其他编程语言一样，具有数据类型、操作符、语句、函数、模块、类等通用的内容。除此之外，简单易学的特点使 Python 非常适合作为进入编程世界的第一门语言。结合 Python 丰富的库资源等，尽可能让计算机来执行工作任务，工作效率会高很多。目前，Python 在科学计算、机器学习、人工智能等领域得到了广泛的应用。当然，本书的目标就是让读者在案例中学习和领会 Python 的过人之处。其图标如图 1-1 所示。

图 1-1

 笔记栏

www.python.org 是 Python 的官方网站，可在此获得 Python 的官方文档以及解释器。

Python 是解释性的语言，不是编译性的语言。因此执行 Python 代码时，代码直接运行而未加密。

1.1　使用 IDLE

"工欲善其事，必先利其器。"在正式编程之前先安装 Python 软件。Windows、Linux、macOS 是目前最受欢迎的三种操作系统。其中，Windows 系统的用户比例是最大的。对于初学者来说，在 Windows 系统中安装 Python 及一些科学包是很容易出现问题的，这将使得初次接触 Python 就挫败感十足。这里，我们介绍一种集成的开发环境（Intergrated Development Environment，IDE）——Anaconda。其图标如图 1-2 所示。IDE 具有语法高亮显示、自动补全、错误突出显示和检查等功能，使用 IDE 开发代码的效率会更高。Python 是具有代码块缩进规则的语言，刚开始使用 Python 时，可能很难适应这点，而 IDE 能很清楚地记住 Python 缩进的语法，根据需要自动缩进。

图 1-2

 问题来了

问：为什么不使用 PyCharm 作为本次学习的 IDE？

答：PyCharm 也是 Python 编程中常用的 IDE，在编译、运行代码时可以体现其优势。Anaconda 是开源的、专注于数据科学与分析的 Python 发行版本。Anaconda 包含了大量的科学包或者模块，初学者可以很容易地安装所需要的科学包或者模块，不会被困在环境的准备上。选择一种好的工具，学习的道路就不会那么曲折了。

根据计算机的操作系统和系统位数，可通过网址 https://www.anaconda.com/download 下载 Python 3 的匹配安装文件。

在安装 Anaconda 时根据提示，依次单击"Next"按钮即可完成安装。这里说明两个安装中的注意事项。

① 选择目标文件夹，即选择希望安装到哪个文件夹下（选择的文件夹需为空文件夹），如图 1-3 所示。

② 在安装前，需要勾选如图 1-4 所示的选项。

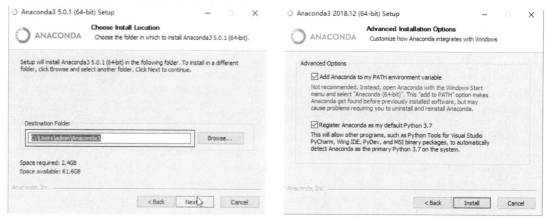

图 1-3   图 1-4

安装完成后，在 cmd 命令行中输入"Anaconda"，即可打开 Anaconda，如图 1-5 所示。双击 Jupyter 图标，Jupyter 会在默认的网络浏览器中打开，地址是 http://localhost:8888/tree。Jupyter 是交互式笔记本，能提供强大的交互能力。按照如图 1-6～图 1-9 所示的步骤学习 Jupyter 的使用，创建第一个编程文件吧。

图 1-5

图 1-6

图 1-7

图 1-8

图 1-9

按照上面的提示，在代码编辑框中编写自己的第一行 Python 代码并运行查看结果吧。

随着编写的代码越来越多，在 Jupyter 下保存代码的方式是必须知道的。单击图 1-9 中的右框区域，即可按照提示修改保存。单击图 1-9 中的左框区域，即可查看保存的文件，我们会看到保存的文件是扩展名为.ipynb 的代码文件。

 知识库

ipynb 文件全称为 ipython notebook document，以.ipynb 结尾的代码文件可用 Jupyter notebook

打开并运行，计算机通过这样的扩展名能识别出该文件是专有的文件，而不是普通的文本文件。

 问题来了

问：为什么有时候按照上述步骤双击 Jupyter 图标后，无法打开 Jupyter？

答：双击 Jupyter 图标后，在图 1-10 所示的终端/命令行中会生成一个 URL，为带有令牌密钥提示。需要将包含这个令牌密钥在内的整个 URL（如图 1-10 中框内所示示意内容）都复制并粘贴到你的浏览器地址栏中，然后才能打开一个 Jupyter Notebook。此步骤执行一次即可，后续将无须再次执行。

```
I 20:03:25.418 NotebookApp] JupyterLab alpha preview extension loaded from C:\Users\admin\Anaconda3\lib\site-packages\
jpyterlab
JupyterLab v0.27.0
Known labextensions:
I 20:03:25.429 NotebookApp] Running the core application with no additional extensions or settings
I 20:03:25.629 NotebookApp] Serving notebooks from local directory: C:\Users\admin
I 20:03:25.629 NotebookApp] 0 active kernels
I 20:03:25.630 NotebookApp] The Jupyter Notebook is running at: http://localhost:8888/?token=0872529cf8678c794190898bc1
8a016ff1ed22a2268e72b1
I 20:03:25.630 NotebookApp] Use Control-C to stop this server and shut down all kernels (twice to skip confirmation).
C 20:03:25.641 NotebookApp]

    Copy/paste this URL into your browser when you connect for the first time,
    to login with a token:
        http://localhost:8888/?token=0872529cf8678c794190898bc18a016ff1ed22a2268e72b1
I 20:03:26.191 NotebookApp] Accepting one-time-token-authenticated connection from ::1
```

图 1-10

1.2 从字符串着手

先从一本书名入手——The Kite Runner（追风筝的人）。Python 理解的这本书的方式为：

```
In [1]: books='The Kite Runner'
```

创建字符串，需要以下 2 个步骤。

① 数据两边需加上成对的英文模式单引号（'）或者双引号（"），将书名转换为字符串。

② 通过等号赋值操作符（=）将字符串赋值为变量标识符。

 知识库

字符串（String）是由字母、数字、文字、下画线等字符组成的一串字符。一个词、一句话是字符串，一段文本也是字符串，甚至一篇文档也可以看成一个字符串。当然，单个的字符是最小的字符串。

在处理文本数据和解析格式时，是可以对字符串进行大量操作的，常见的操作有以下几种。

（1）索引和切片

使用中括号偏移量的方法来访问字符串中的数据项，Python 中的偏移量是从 0 开始计数的。

动手敲代码

① 使用 print()内建函数，显示字符串，并使用 len()内建函数得出字符串含有多少个数据项。

```
In [1]: books='The Kite Runner'
```

```
In [2]: print(books)
The Kite Runner

In [3]: print(len(books))
15
```

② 索引：通过编号访问数据。访问第一个数据项：

```
In [4]: print(books[0])
T
```

③ 切片：访问一部分数据。访问的方法：

```
In [5]: print(books[1:5])
He K
```

```
In [6]: print(books[-3:-1])
ne
```

这里访问提取的字符串从索引开始直到结束，但提取不包含结束的索引上的字符。

 笔记栏

字符串中的每个字符都有特定的位置，称为索引。Python 中具有两种索引方式：正向索引和反向索引。正向索引从 0 开始，每个字符每次加 1；反向索引从-1 开始，每个字符每次减1。访问字符串的一部分，称为切片。

Python 中有大量的内建函数（BIF），常见的内建函数见表 1-1。如代码练习中使用到了 2 个内建函数 print()、len()，我们就可以直接使用这些 BIF，让编程过程尽可能简单。通过 dir(__builtins__)方法可以查看当前 Python 版本中具体的 BIF。在没有熟悉这些 BIF 之前，看到这么多的 BIF 是一种负担，先从如下的 BIF 练习吧。

表 1-1

内建函数	BIF 功能
range()	生成指定范围的数字，for 循环中经常会被使用到
str()	返回字符串类型的对象，如 str(1)返回值为字符串类型'1'
input()	接收任意输入，将所有输入默认按照字符串处理，并返回字符串类型
list()	将元组或者字符串转换成列表
max()	返回给定参数的最大值

 笔记栏

内建函数为编程语言预先定义的函数，多为实现数学运算、类型转换、序列操作、对象操作、反射操作、变量操作等方面的功能。

（2）方法

Python 中提供庞大的内置方法用于执行字符串的转换、控制和操作。

动手敲代码

① 使用 upper()方法，将字符串中所有的字符都变为大写字符。

```
In [10]: books.upper()
Out[10]: 'THE KITE RUNNER'
```

② 使用 replace()方法，替换字符串。

```
In [12]: books.replace('Runner','Walking')
Out[12]: 'The Kite Walking'
```

③ 使用 split()方法，切分字符串。

```
In [16]: books.split('')
Out[16]: ['The', 'Kite', 'Runner' ]
```

注意，上面示例的引号中预留了一个空格，即按照空格进行切分。计算机很容易识别这个空格，但目测是很难发现这个空格的。使用 split()不带参数的写法 books.split()即实现按照空格的方式进行字符串切分，并返回列表（后面会学习这种数据类型）。

④ 使用 strip()方法，移除字符串头尾字符。

```
In [19]: books.strip('T')
Out[19]: 'he Kite Runner'
```

⑤ 使用 replace()方法，把字符串中原有字符串替换为新字符串。

```
In [27]: books.replace('n', 'T')
Out[27]: 'The Kite RuTTer'
```

上面的示例中将全部的'n'字符进行替换，如果对替换次数有要求，则可以指定第三个参数 count，替换不超过 count 次。例如：

```
In [28]: books.replace('n', 'T', 1)
Out[28]: 'The Kite RuTner'
```

 笔记栏

读者在没有进行大量的代码编程前，学习每个方法将超出当前的认知范围。使用句点(.)进行方法的连接，是 Python 语法的一个特点。

（3）格式化

字符串格式化的功能强大，可以替换字符串中特定的内容。在处理文本时，格式化是最常用到的方式。格式化表达式和格式化方法函数是两种类型的格式化。

动手敲代码

① 格式化表达式：使用格式化运算符%进行字符串替换。

```
In [11]: 'The kite %s'%('Ruuner')
Out[11]: 'The kite Ruuner'

In [12]: 'The kite %d'%(5)
```

```
Out[12]: 'The kite 5'
```

其中，%s 和%d 分别替换字符串和整数的占位符。

② 格式化方法函数：使用 format()函数、通过运算符{}替代运算符%来实现字符串的格式化。

```
In [14]: 'The kite {}'.format(5)
Out[14]: 'The kite 5'
In [15]: 'The kite {}{}'.format('Runner', 5)
Out[15]: 'The kite Runner 5'
In [16]: 'The kite {1}{0}'.format('Runner', 5)
Out[16]: 'The kite 5 Runner'
```

1.3　复杂数据的福音——列表

字符串类型数据因为数据简单，是很容易直接进行数据处理的。实际上大部分数据都是比较复杂的，通常需要将数据通过某种方式组织在一起，按照一定的数据结构来处理，以降低数据的复杂性，列表是常用的数据类型。

1.3.1　创建列表

也是先从练习中熟悉的那本书入手吧。这本书的一些信息为：The Kite Runner（追风筝的人）、作者卡勒德·胡塞尼、长篇小说、226000 字。Python 按照列表的数据结构理解的这本书的信息，如图 1-11 所示。

图 1-11

创建列表，需要以下 4 个步骤。

① 所有数据均放在方括号内，形成列表。

② 各个元素间使用逗号分隔。

③ 元素的表达遵循各自的语法规范，如字符串类型数据需加上引号，数字类型数据直接表示，列表则需在方括号内（列表中的元素可以是列表数据类型。）

④ 通过等号赋值操作符（=）将列表赋值为变量标识符。

1.3.2　列表的操作

列表是可以像字符串一样进行索引和切片的，本小节将讨论列表不同于字符串的地方，以及列表的专有方法，以体现列表的强大之处。

动手敲代码

① 使用 append()方法，增加列表数据，并使用 len()内建函数得出字符串含有多少个数据项。

```
In [17]: info=['The Kite Runner', '卡勒德·胡塞尼', '长篇小说', 226000]
In [18]: info.append('美籍阿富汗人')
In [19]: print(info)
         ['The Kite Runner','卡勒德·胡塞尼', '长篇小说', 226000, '美籍阿富汗人']
```

② 使用 insert()方法，可在特定的位置前增加数据。

```
In [17]: info=['The Kite Runner', '卡勒德·胡塞尼', '长篇小说', 226000]
In [21]: info.insert(3, '上海人民出版社')
In [22]: print(info)
         ['The Kite Runner','卡勒德·胡塞尼', '长篇小说', '上海人民出版社', 226000, '美籍阿富汗人']
```

③ 使用 remove()方法，删除特定的数据。

```
In [17]: info=['The Kite Runner', '卡勒德·胡塞尼', '长篇小说', 226000]
In [23]: info.remove('长篇小说')
In [24]: print(info)
         ['The Kite Runner','卡勒德·胡塞尼', '上海人民出版社', 226000, '美籍阿富汗人']
```

 笔记栏

列表可使用的方法有很多，一时是很难全部记住的。通过输入"列表名."使用 Tab 键的方式，可以查看到当前可用的方法。如上述示例中，输入 info.后，通过 Tab 键可查看 info 列表可用的方法，如图 1-12 所示。

图 1-12

使用 help()函数，可查看各种方法的用法。在熟能生巧前，这是一种快速上手的办法。推荐的方法是从官方的文档中查询和学习方法及其语法和定义。例如：

```
In [25]: help(info.pop)
         Help on built-in function pop:

         Pop(…)method of builtins.list instance
             L.pop([index])-> item -- remove and return item at ind ex (default last).
             Raises IndexError if list is empty or index is out of range.
```

阶段小练习

在下面列表中，插入出版年份"2003"。

```
info = ['The Kite Runner', '卡勒德·胡塞尼', '长篇小说', 226000]
```

添加你的代码：

小练习之答案

在下面列表中，插入出版年份"2003"。

```
info=['The Kite Runner', '卡勒德·胡塞尼', '长篇小说', 226000]
```

添加你的代码：

```
info.insert(2,2003)

info.append(2003)
```

1.4 处理数据——条件判断

列表是常用的数据，如果要对列表数据进行一些处理操作，则需要使用逻辑结构。Python 通过 if…else…语法结构进行判断，这种结构称为条件判断。通常用于表示类似"如果……否则……"的逻辑。程序会根据输入来判断执行程序中不同的语句块。

关键字 if 作为条件判断的开始，冒号（:）作为条件判断的结尾。if 和冒号之间的内容是条件判断的语句。if 和判断语句之间需留有一个空格。冒号后的内容为语句块，需 4 个空格缩进，缩进结束处表示语句块的结束位置。

问题来了

问：什么是关键字？

答：Python 共有 33 个关键字，这些关键字是一种特殊的标识符，它们的名字已经被占用。自定义的变量名、函数名等不得与已有的关键字的名字相同。

```
In [7]: import keyword
        print(keyword.kwlist)
        ['False', 'None', 'True', 'and', 'as', 'assert', 'break', 'class', 'continue',
        'def', 'del', 'elif', 'else', 'except', 'finally', 'for', 'from', 'global',
        'if', 'import', 'in', 'is', 'lambda', 'nonlocal', 'not', 'or', 'pass',
        'raise', 'return', 'try', 'while', 'with', 'yield']
```

条件满足，即判断语句结果为真（True）时，执行 True 条件下的语句块；条件不满足，即判断语句为假（False）时，执行 False 条件下的语句块，从而不会执行 True 条件下的语句块。

条件判断的格式如图 1-13 所示。

图 1-13

动手敲代码

在列表中查询指定的内容。

```python
info=['The Kite Runner', '卡勒德·胡塞尼', '长篇小说', 226000]
if '长篇小说' in info:
    print('这本书是长篇小说')
else:
    print('这本书非长篇小说')
这本书是长篇小说
```

 笔记栏

1. True 和 False 在 Python 中表示两种状态——真与假，类似是与否。

2. 程序的缩进是 Python 代码编写的重要规则，用来告诉 Python 代码的起始位置，缩进结束处表示语句块的结束位置。

 阶段小练习

在下面列表中，插入出版年份信息"2003 年"。

```python
info=['The Kite Runner', '卡勒德·胡塞尼', '长篇小说', 226000]
```

添加你的代码：

 小练习之答案

在下面列表中，插入出版年份信息"2003 年"。

```python
info=['The Kite Runner', '卡勒德·胡塞尼', '长篇小说', 226000]
```

添加你的代码：

```python
info=['The Kite Runner', '卡勒德·胡塞尼', '长篇小说', 226000]
```

```
if 2003 in info:
    print('这本书是 2003 年出版的一本书')
else:
    info.insert(2,2003)
    print('已添加该书的出版时间: 2003 年')
已添加该书的出版时间: 2003 年
```

1.5　处理数据——循环

计算机程序很擅长完成重复性的任务。这种重复性的任务，在 Python 中被称为循环。循环结构用于执行重复操作，常用 for 循环或 while 循环实现。

（1）for 循环

for 循环主要用来遍历列表序列中的元素。关键字 for 作为循环开始，之后为循环执行语句，再以冒号（:）作为语句的结尾。冒号之后是需要循环执行的语句块，这一语句块需要进行 4 个空格的缩进。每循环一次，迭代序列中的元素都逐项赋值给变量，然后执行语句块，语句块中利用变量代替元素进行操作。当列表中所有元素遍历完后，循环结束。

for 循环的格式如图 1-14 所示。

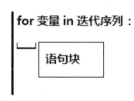

图 1-14

迭代序列可以是元组、列表、字符串等，每次从可迭代对象中取出一个值，并把值赋给变量。for 循环遍历列表中的元素，常与 range() 函数一起使用。

动手敲代码

① 使用 range() 函数，遍历数字 0～9。

```
for i in range(0,10):
    print(i,end=' ')
0 1 2 3 4 5 6 7 8 9
```

注：range() 函数按左闭区间、右开区间的方式进行取值。通过 help(print) 可以得知 end 参数的使用方法。

② 遍历列表中的所有内容。

```
info=['The Kite Runner', '卡勒德·胡塞尼', '长篇小说', 226000]
for novel in info:
    print(novel)
The Kite Runner
卡勒德·胡塞尼
长篇小说
226000
```

（2）while 循环

while 循环可以实现循环一直进行，直到发生某种条件情况时才结束。关键字 while 作为循环开始，之后为循环判断的条件语句，再以冒号（:）作为语句的结尾。冒号之后是需要循环执行的语句块，这一语句块需要进行 4 个空格的缩进。

while 循环的条件为 True 时，将一直循环执行语句块的内容；循环条件为 False 时，将跳出循环，终止程序。

while 循环格式如图 1-15 所示。

图 1-15

动手敲代码

使用 while 循环遍历列表中的所有内容。

```
info = ['The Kite Runner', '卡勒德·胡塞尼', '长篇小说', 226000]
i = 0
while i < len(info):
    print(info[i])
    i = i+1
The Kite Runner
卡勒德·胡塞尼
长篇小说
226000
```

 问题来了

问：在"动手敲代码"中，while 循环和 for 循环能实现相同的代码功能，为什么还会存在两种循环形式呢？

答：是的，在对已知范围内的数据进行迭代时，使用 while 循环和 for 循环能实现相同功能。这时需要记住一条：能用 for 循环的地方，就不要用 while。那是因为 for 循环通常比 while 循环更容易使用。for 循环不容易出错，while 循环需要初始化计数，容易出现边界少 1 或多 1 的问题。

for 循环需要知道具体的迭代序列后才可进行循环处理。对未知范围的数据进行循环时，for 循环则无能为力，而 while 是可以实现各种循环的。

1.6 处理数据进阶——嵌套语句

让我们来看一段代码，如果对 info 列表中含有列表的数据进行处理，则通过前面学会的 for 循环只能处理第一层次的数据：

```
info = [['The Kite Runner', '追风筝的人'], '卡勒德·胡塞尼', '长篇小说', 226000]
for novel in info:
    print(novel)
['The Kite Runner', '追风筝的人']
卡勒德·胡塞尼
长篇小说
226000
```

如想对['The Kite Runner','追风筝的人']列表继续进行数据查询处理,则需要继续进行迭代,就需要添加复杂的逻辑处理。Python 中通过嵌套语句能实现更复杂的功能,嵌套循环语句块内部是通过缩进来区分不同的代码层次的。选择语句的语句块中可以嵌套选择语句或循环语句,循环语句中也可以如此:

```
info = [['The Kite Runner', '追风筝的人'], '卡勒德·胡塞尼', '长篇小说', 226000]
for novel in info:
    if isinstance(novel,list):
        for novel_L1 in novel:
            print(novel_L1)
    else:
        print(novel)
```

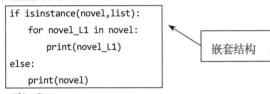

嵌套结构

```
The Kite Runner
追风筝的人
卡勒德·胡塞尼
长篇小说
226000
```

 阶段小练习

打印九九乘法表:

```
1 x 1 = 1
1 x 2 = 2    2 x 2 = 4
1 x 3 = 3    2 x 3 = 6    3 x 3 = 9
1 x 4 = 4    2 x 4 = 8    3 x 4 = 12    4 x 4 = 16
1 x 5 = 5    2 x 5 = 10   3 x 5 = 15    4 x 5 = 20   5 x 5 = 25
1 x 6 = 6    2 x 6 = 12   3 x 6 = 18    4 x 6 = 24   5 x 6 = 30   6 x 6 = 36
1 x 7 = 7    2 x 7 = 14   3 x 7 = 21    4 x 7 = 28   5 x 7 = 35   6 x 7 = 42   7 x 7 = 49
1 x 8 = 8    2 x 8 = 16   3 x 8 = 24    4 x 8 = 32   5 x 8 = 40   6 x 8 = 48   7 x 8 = 56   8 x 8 = 64
1 x 9 = 9    2 x 9 = 18   3 x 9 = 27    4 x 9 = 36   5 x 9 = 45   6 x 9 = 54   7 x 9 = 63   8 x 9 = 72   9 x 9 = 81
```

添加你的代码:

小练习之答案

程序设计思路：九九乘法表中的乘数范围为 1～9，被乘数范围也为 1～9。可通过 for 循环依次遍历 1～9，序列中的元素依次赋值给变量，执行语句块中的代码。语句块中利用变量代替元素进行操作。需要嵌套另一个 for 循环遍历 1～变量名+1，序列中的元素依次赋值给嵌套结构中的变量，执行嵌套循环的语句块的内容。

添加你的代码：

```
for row in range(1,10):
    for col in range(1,row+1):
        print(col, 'x', row, '=', row*col, ' ', end=' ')
    print('\n')
```

1.7 函数

随着程序实现的功能越来越强大，代码行也越来越多、越来越复杂了。例如，info 列表的数据变得更为复杂：info = [[['The Kite Runner','凧追い'],'追风筝的人'],'卡勒德·胡塞尼','长篇小说',226000]，如果想逐个获得 info 列表中的每个元素，则根据前面学习的嵌套语句的写法，代码语句块中将要增加更多的代码，那么看这些代码将会变得越来越吃力。

Python 可以通过函数将代码切分成多个小部分，完成某种有相同功能的内容。函数不仅使代码容易编写，并且能让代码被反复使用。Python 内部已经定义好了很多函数，可以直接在程序中使用，如熟悉的 print 函数；也可以自定义函数，并提供给别人使用。

"函数"的概念在数学中是已提及的。例如，"若函数 $f(x)=x+1$，求 $f(1)$ 的值。"其中，"$f(x)=x+1$"是函数的定义，函数的功能是将自变量加 1。"求 $f(1)$ 的值"的过程是将 1 赋给自变量 x，然后执行加 1 运算，得到结果 2。

在程序设计语言中，定义并调用函数的过程与上述"$f(x)$"的定义和求值过程类似。"f"称为函数名，自变量"x"称为参数，"求 $f(1)$ 的值"的过程称为调用函数，"将 1 赋给自变量 x"称为传入参数，结果"2"称为函数的返回值。

（1）函数的定义

Python 中，定义函数格式如图 1-16 所示。

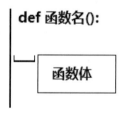

图 1-16

用关键字 def 来定义函数，其后空一个空格，接上函数名。函数名后面需要一对英文模式括号()，接上一个冒号（:）。冒号的作用是告诉 Python 接下来的内容是函数体，函数体的代码需要有 4 个空格的缩进。函数的命名规则与变量的命名规则相同。

英文模式括号()中的内容是参数，通过括号可以实现传递参数，根据实际的需要，可以不包含参数，也可以包含多个参数。多个参数之间用英文模式逗号","隔开。

动手敲代码

定义函数求圆的周长和面积。

```
def area():
    radius=1.3
    s1=3.14*radius**2
    c1=2*3.14*radius
    print('半径为', radius, '厘米的圆面积为:', s1)
    print('半径为', radius, '厘米的圆周长为:', c1)
```

注：定义名字为 area 的函数，运行上面定义好的函数后，并没有出现我们想看到的 print() 函数输出的内容。这是因为定义好的函数是不会运行的。如何运行定义好的函数呢？需要调用函数才会运行函数里的代码。

（2）函数调用

调用格式：函数名()

如上述代码中，使用 area()的方式即可得到期望的输出。函数调用和函数的关系是怎样的呢？在图 1-17 中可以清晰地看到函数调用数据流。

① 最后一行是函数调用，程序从这里开始运行。

② 函数被调用后，程序就会跳到函数中的第一行代码。

③ 依次执行函数中每一行代码，直至执行完代码中的所有代码。

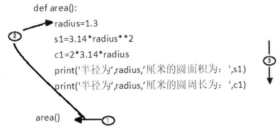

图 1-17

（3）函数的参数

程序代码出现有规律的重复时，可以通过传入函数的参数来实现，可以实现程序的代码简化。

格式：函数名(参数 1, 参数 2, …, 参数 n)

动手敲代码

使用函数求圆的周长和面积。

```
def area(radius):
    s1=3.14*radius**2
    c1=2*3.14*radius
    print('半径为', radius, '厘米的圆面积为:', s1)
    print('半径为', radius, '厘米的圆周长为:', c1)
```

```
area(1.3)
area(2.5)
area(3.6)
```

 笔记栏

函数调用中的参数称为实参，定义函数时出现的参数称为形参。area(1.3)在进行函数调用时，将实参 1.3 传递给函数定义中的 radius 形参，执行 area()函数体内的代码。同理，再执行 area(2.5)和 area(7.8)的函数调用和执行函数内的代码。

动手敲代码

```
info = [['The Kite Runner', '追风筝的人'], '卡勒德·胡塞尼', '长篇小说', 226000]
for novel in info:
    if isinstance(novel,list):          嵌套结构
        for novel_L1 in novel:
            print(novel_L1)
    else:
        print(novel)
```

将上面的代码，用上述函数方式完成代码的功能。

```
info = [['The Kite Runner', '追风筝的人'], '卡勒德·胡塞尼', '长篇小说', 226000]
def novel_info(info_list):          参数
    for novel in info_list:
        if isinstance(novel,list):
            print(novel_info(novel))
        else:
            print(novel)
novel_info(info)          函数调用
```

上述代码中使用了递归函数，使得代码进一步缩减。递归函数是比较消耗内存资源的，Python 3 中递归的深度不能超过 100。

1.8 拿来就用——模块

函数可实现某个内容或者功能，模块可实现某类内容或者功能。模块通常就是一个 Python 文件（扩展名为.py）。Python 库中已经预加载了大量的模块，并且 Python 具有丰富的第三方的模块供用户使用。

模块的使用，也叫导入模块。导入模块时，写模块的名字即可，无须带.py。有两种导入模块方式：import 方式和 from…import 方式。

（1）import 导入模块

模块导入的代码需要写在程序的最前面，这样模块被导入后，模块中的函数就能被新的程序使用。

格式：import 模块名

模块导入后，通过下述格式调用模块中的函数。模块名和变量名（或函数名）之间有一个

英文点号"."。

格式：模块名.函数名

动手敲代码

导入随机模块，并随机生成 0～99 的整数。

```
import random
print(random.randint(0,100))
```

（2）from…import 导入模块

除使用 import 导入整个模块外，还可以使用 from…import 仅导入那些需要的函数，导入后可以直接使用函数名，而不需在它们的前面添加模块名。from 方式导入模块这行语句也需要写在程序的最前面。

格式：from 模块名 import 函数名

动手敲代码

使用 from…import 方式导入随机模块，并随机生成 0～99 的整数。

```
from random import *
print(randint(0,100))
```

（3）用 as 给导入模块取别名

可以利用关键字 as 给模块取别名，在使用模块名的地方用别名代替，这样处理后模块名的使用更简单。格式：import 模块名 as 别名，如 import random as rd。

动手敲代码

导入随机模块，并随机生成 0～99 的整数。

```
import random as rd
print(rd.randint(0,100))
83
```

1.9 文件

当前文多次举例的 info 列表中的书名越来越多时，需要将这些信息保存下来，保存成文本文件是一种不错的方式。

Python 使用 open()这一内建函数与文件进行交互，按照打开文件—读/写数据—关闭文件的流程运行。读/写文件是最常见的 I/O 操作，读/写文件就是请求操作系统打开一个文件对象（通常称为文件描述符），然后通过操作系统提供的接口从这个文件对象中读取数据（读文件），或者把数据写入这个文件对象（写文件）。

当处理一个文件对象时，使用 with 关键字是非常好的方式。在结束后，它会帮你正确地关闭文件。

格式：with open() as f:

动手敲代码

将 info 内容保存到文本文件。

```
with open('aaa.txt', 'w', encoding='gbk' ) as f:
    read_data = f.write("info = ['The Kite Runner', '追风筝的人', '卡勒德·胡塞尼', '长篇小说', 226000]")
    print(read_data)
f.close
```

注：① 上述的第一行代码生成文件句柄 f 后，可对此句柄进行读（read）或写（write）操作，即对文件进行读/写操作，info 列表的数据即写入 aaa.txt 文件中。

② 标准库 os 中具有查看当前工作目录的方法，可得知当前工作目录，以及文件保存的目录。

```
import os
os.getcwd()
'C:\\Users\\admin'
```

 笔记栏

open()方法('aaa.txt', 'w', encoding='gbk')中，aaa.txt 为需要访问的文件名称。'w'为打开文件的模式为写入模式，如果文件不存在，则先创建该文件。还有其他模式，如'r'为只读模式，'a'为对文件进行追加模式。enconding 参数为设置编码，其中，gbk 编码为汉字编码模式，同时兼容 ASCII 编码。

1.10 处理异常

程序在运行过程中经常会遇到很多错误和异常。发生错误即程序的执行过程发生改变，会抛出异常。如果异常没有被处理或破获，程序就会执行回溯（Traceback）来终止程序。对于 Python 初学者来说，看到这些异常是足够毁掉学习激情的。

```
with open('bbb.txt', 'r', encoding='gbk') as f:
    read_data = f.read()
    print(read_data)
f.close
---------------------------------------------------------------------
FileNotFoundError                    Traceback (most recent call last)
<ipython-input-25-e632a6183804> in <module>()
----> 1 with open('bbb.txt', 'r', encoding='gbk') as f:
      2     read_data = f.read()
      3     print(read_data)
      4 f.close

FileNotFoundError: [Errno 2] No such file or directory: 'bbb.txt'
```

上述代码因为未找到文件 bbb.txt，所以终止了程序。常见的异常类型见表 1-2。

表 1-2

内建函数	BIF 功能
SyntaxError	Python 语法错误
NameError	未声明/初始化对象（没有属性）
AttributeError	对象没有这个属性
TypeError	对类型无效的操作
ValueError	返回给定参数的最大值
FileNotFoundError	文件未找到

Python 中使用 try-except 语句结构捕获异常，该语句用来检测 try 语句块中的错误，让 except 语句捕获异常信息并处理，从而保证在异常发生时能结束程序。

动手敲代码

使用 try-except 语句修改上述抛出 Trackback 的令人头痛的代码。

```
try:
    with open('bbb.txt', 'r', encoding='gbk') as f:
        read_data = f.read()
        print(read_data)
except(FileNotFoundError):
    print('There is no file that you named.')
f.close
There is no file that you named.
```

本章的内容是 Python 语言学习过程中语法的精髓部分。如果读者没有完全理解也没关系，后面章节中的学习与项目，将会持续强化这些知识的使用，读者也一定会在使用中知道这些语法的精髓。

第2章 网　　页

提到网页，自然就离不开浏览器了，就像音频和视频需要播放器来播放一样。而浏览器更像是能够播放网页的播放器。不过现在的网页与 10 年前的已经大不相同了，尤其是视频网站，大量的视频出现在网页中。所以说浏览器是一种播放器也不为过。

在本章中，你将会了解关于网页的很多知识，如 HTML、CSS、JavaScript 及 HTTP 等。在开始了解之前，需要先把本章要用的工具准备好。

2.1　工具准备

这个工具就是谷歌浏览器（见图 2-1）。

根据可靠的调查，谷歌浏览器（Google Chrome）是目前使用量最大的浏览器。方便、简洁、快速是它的是优点，但最重要是还是它的开发者工具，这将在后文详细介绍，现在我们还是先安装它吧。

如果你的计算机中已经安装了谷歌浏览器，就可以直接跳过本节；如果没有的话，就打开计算机中的任意浏览器，在搜索引擎里搜索"谷歌浏览器"。一般会出现图 2-2 所示的条目。

Google Chrome 网络浏览器　官网

得益于 Google 智能工具,Chrome 现在更易用、更安全、更快速。…
Google Enterprise Google Chrome 浏览器 设备 Google Cloud G
Suite 教育 Google Chrome 浏览器…

图 2-1　　　　　　　　　　　　　　　　　　图 2-2

直接单击链接进入页面，根据提示下载谷歌浏览器（见图 2-3）。

图 2-3

下载完成后，会出现图 2-4 所示的一个安装包。它其实是一个安装器，直接双击运行它，会自动下载并安装谷歌浏览器。安装完成之后，就可以使用谷歌浏览器（见图 2-5）开始网页之旅了。

ChromeSetup.exe

图 2-4

图 2-5

2.2　从 URL 开始

当然，你有可能并不熟悉"URL"这个词，甚至没有听说过，但对于"网址"，应有所耳闻吧？各种广告、海报或名片上，都可以看到类似 www.xxx.com 文字的身影。

网址可以简单地理解为网站的地址，可以说是网站门牌号。对于互联网这个庞大的虚拟世界，网址可以帮我们定位到需要的网站。比如，Python 官方网站的网址是 www.python.org。在浏览器的地址栏里输入这个网址，按下回车键，浏览器里就会出现 Python 官方网站的网页（见图 2-6）。

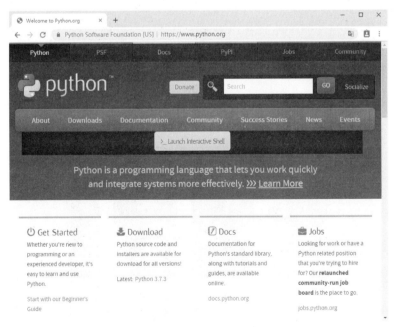

图 2-6

 问题来了

问：网址、网站、网页三者有什么关系？

答：网址就是我们下面要讲到的 URL。在互联网上，网址可以看成一个网站的门牌号，可以通过它找到对应的网站。而网页就是在浏览器中看到的一个页面，网站通常由许多网页以及其他相关资源（图片、视频等）组成，为我们提供一些服务。

在图 2-6 中，我们在地址栏里输入的文本 www.python.org 被浏览器自动加上 https://，变成了 https://www.python.org。这种格式的字符串就称为 URL。

URL 的全称是 Uniform Resource Locator，中文通常翻译为"统一资源定位器"。"定位器"这个词可以说是非常形象。在互联网上，我们可以找到很多资源，如网页、文本、图片、音乐、视频等。这些资源通常都有自己的 URL，以方便我们在互联网上定位到它们，如图 2-7 所示。

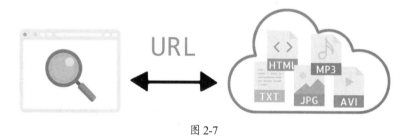

图 2-7

那么应该怎样来获取这些资源的 URL 呢？

2.2.1 简单获取 URL

首先在浏览器中再打开一个网站，如 movie.douban.com，如图 2-8 所示。网页上有很多图片，我们可以任意选择一张。然后在选中的图片上右击，在弹出菜单中选择"复制图片地址"选项，如图 2-9 所示。

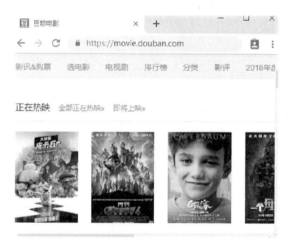

图 2-8

图 2-9

最后我们再打开一个新的浏览器标签页（快捷键通常是 Ctrl+T），在新标签页的地址栏中，使用 Ctrl+V 快捷键粘贴刚才复制的图片地址，按下回车键。如果不出意外的话，浏览器的标签页里会出现我们刚才选择的那张图片。被选中图片的地址是这样的（不同图片的地址是有区别的）：

https://img1.doubanio.com/view/photo/s_ratio_poster/public/p2555538168.webp

它就是我们前面讲的 URL。浏览器正是通过它定位到了这个图片资源。

网页上除图片外，有些文字也会包含地址，我们可以使用获取图片地址的方式来获取文字的对应地址，也是通过右击来获取的。浏览器很聪明地检测到右击的内容不是图片，因此弹出菜单里并没有"复制图片地址"的选项，我们可以选择"复制链接地址"选项来获取文字的 URL，如图 2-10 所示。

图 2-10

这次获取的 URL 是这样的：

https://movie.douban.com/chart

到目前为止，我们遇到的 URL 都符合下面这种格式：

https://网站域名/路径

例如：

https://www.taobao.com

https://img1.doubanio.com/view/photo/s_ratio_poster/public/p2555538168.webp

https://movie.douban.com/chart

　　URL 格式中的路径是可选的，如上面的第一个 URL：www.taobao.com。大多数网站主页的 URL 都只包含网站域名，当我们在浏览器中输入这个 URL 时，浏览器会显示一个网页，这个网页通常叫作该网站的首页或主页。

 笔记栏

　　从技术上讲，www.taobao.com 中的 taobao.com 才是域名，www 被称为主机名。WWW（World Wide Web）的中文意思是万维网，它通常是指通过 URL 来定位的一系列网页以及相关资源（图片、视频等）的信息体。

　　在图 2-10 中，我们在获取图片对应的 URL 时，弹出菜单中也有"复制链接地址"选项。这个链接到底是什么？和 URL 有什么关系？

2.2.2　链接与 URL

　　不知道读者有没有留意到，我们在浏览网页的过程中，鼠标的指针在指向一些内容时会变成手形。如果你的 Windows 系统主题没有用主题软件美化过，则正常的鼠标指针变化如图 2-11 所示。

图 2-11

　　当鼠标指针变成手形时，恭喜你，你碰到一个超链接了。超链接（英文是 Hyperlink），有时直接叫链接，它通常隐藏在各个网页中。这时右击，弹出菜单都会出现图 2-10 中"复制链接地址"选项。也就是说，每个超链接都会有一个 URL 与它对应。

　　如果单击超链接，通常会出现下面的情况。

- 浏览器打开一个新的网页。
- 浏览器没有打开新的网页，但当前的网页增加了一些内容。
- 浏览器跳转到当前网页的其他地方（类似鼠标滚轮的作用）。
- 浏览器弹出一个下载窗口。

　　……

　　从超链接的作用可以看出，它通常会和浏览器一起帮助我们在互联网上的各资源之间进行跳转。这种操作方式可帮助我们进行"网上冲浪"。

如果说 URL 是互联网上资源的一个门牌地址,那么超链接就像一个交通工具,把我们准确地带到资源所在的地方。超链接的这种功能,其实是通过 HTML 来实现的。

2.3 编写网页的语言——HTML

在计算机行业中有一道经典的面试题目:你打开浏览器,输入一个网址,按下回车键,最后网页出现在浏览器中,如图 2-12 所示。这个过程中发生了什么?

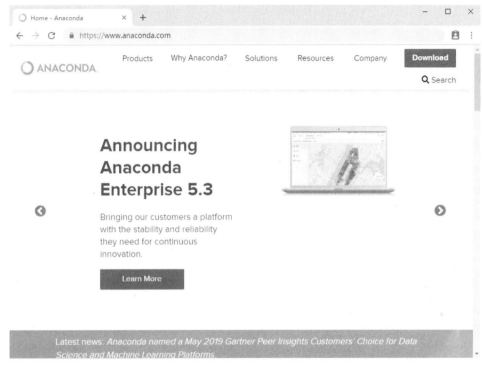

图 2-12

简单来说,这个过程其实就是浏览器使用 URL 来获取一个互联网资源的过程。而这里的资源是一个网页。网页(Webpage)是一种可以在浏览器中显示的文档。我们可以和 Word 文档进程对比,在编写 Word 文档的时候,通常会使用某种语言,如中文、英文或其他语言。而对于网页这种文档来说,在创建它的时候会使用一种叫作 HTML 的语言。

HTML 是 Hypertext Markup Language(超文本标记语言)的英文缩写。它是一种用来创建网页或者网页程序的标记语言。

 笔记栏

超文本(Hypertext)是显示在计算机显示器或者其他电子设备屏幕上带有超链接(Hyperlink)的文本,我们通过鼠标单击或者触摸超链接来跳转到对应的文本。

标记语言(Markup Language),简单来说就是通过对文档的文本进行标记(使用标签)来表示文档逻辑结构的。标记语言广泛应用于网页和网页应用程序。

下面我们通过创建 Hello World 网页来认识一下 HTML。

2.3.1　创建自己的第一个网页

首先我们打开一个文本编辑器，通常情况下使用 Windows 下面的记事本就足够了。在记事本中直接输入图 2-13 所示的 HTML 代码。

图 2-13

然后按 Ctrl+S 快捷键来保存这个文件。在弹出的对话框中，我们将文件命名为 hello.html。要注意文件名下面的"保存类型"，默认情况下记事本会把文件保存为文本文件。这里需要从下拉列表中选择"所有文件"，保证记事本能够把文本保存为.html 的文件。我们把文件保存在 C:\html\hello.html 中。

接下来我们使用浏览器来打开这个文件，这里有几种方法。

● 在浏览器界面使用 Ctrl+O 快捷键，在弹出的文件窗口里找到刚才保存的 hello.html 文件。

● 找到 C:\html\hello.html，通过鼠标右键单击，在"打开方式"中选择使用浏览器打开。

● 直接将 hello.html 文件拖入已经打开的浏览器窗口。

在浏览器窗口中打开 hello.html 文件后，你会看到图 2-14 所示的网页。一个简单的 Hello World 网页就创建成功了！

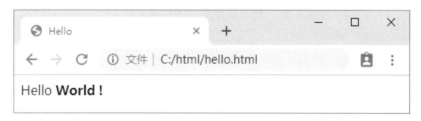

图 2-14

这个网页是浏览器把图 2-13 中的 HTML 代码 "翻译"之后的内容。HTML 代码中的文本并不会全部显示在浏览器中，有些文本出现在网页中（Hello World !），有些文本出现在浏览器窗口标签上（Hello）。通常没有显示的文本都被一对<>括起来，它就是 HTML 的重要元素：标签。

图 2-13 中的代码实际上是一个很基本的 HTML 模板，无论多么复杂的 HTML 网页都可以通过这种基本模板扩展而来。我们对这个基本模板进行了一些标记，如图 2-15 所示。

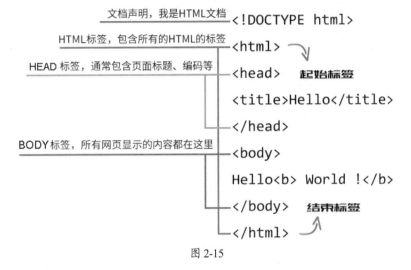

图 2-15

HTML 代码最开始的<!DOCTYPE html>是一个比较特殊的标签，它通常用来声明当前文档（代码）是 HTML。接着是一对<html></html>标签把剩下所有的代码全部包括在内。

继续往下是一对<head></head>标签，<head>标签通常定义一些网页的属性，如网页标题、网页文字的编码等。网页的标题一般通过<title></title>标签里的文本来设置。

最后就是比较重要的<body></body>标签了，网页所有显示的内容都包含在该标签中。

2.3.2 标签——创建网页的方块

在图 2-15 中，除声明文档类型的标签外，其他标签都是成对出现的。如 HTML 标签，<html>是起始标签，</html>是结束标签。标签及标签之间的内容，如<b>World!</b>则称为 HTML 元素（HTML Element）。

HTML 的标签之间除包含文字外，还可以包含其他标签，称为嵌套（Nested）。如<body>Hello<b> World !</b></body>，在<body>标签中嵌套了<b>标签，该标签则会把文本进行加粗。图 2-14 中的 World !显示为粗体，也正是这个原因。

 笔记栏

有的 HTML 标签没有结束标签，像<img>、<input>等，有时它们会以<img />、<input />的形式出现。

HTML 具有众多的标签，它们都有各自不同的作用，如可以用来在网页中显示图片的<img>标签：

```
1.  <img src="flower.jpg">
```

显示效果如图 2-16 所示。

图 2-16

前面讲过链接，它是通过<a>标签来定义的。<a>标签之间的文本能够在浏览器中显示，通过鼠标单击文本，就会把你带到指定的网页：

```
1.  <a href="https://www.python.org">带我学 Python</a>
```

显示效果如图 2-17 所示。

图 2-17

还有用来表示列表的<ul>、<li>标签：

```
1.  <ul>
2.  <li>苹果</li>
3.  <li>西瓜</li>
4.  <li>香蕉</li>
5.  </ul>
```

显示效果如图 2-18 所示。

图 2-18

还可以用<div>标签来区别不同的内容块：

```
1.  <div style="background-color:lightblue;">
2.  第一块内容
3.  </div>
4.  <div style="background-color:lightgreen;">
5.  第二块内容
6.  </div>
```

显示效果如图 2-19 所示。

图 2-19

除这些标签外，HTML 还具有标题（<h1>～<h6>）、表格（<table>）、表单（<form>）等常用标签。这些标签就像一个个方块一样，根据它们不同的功能进行组合、相互嵌套就能"堆"成复杂的网页。

如图 2-20 所示，左边是 HTML 代码，我们通过 HTML 的标签"堆"了一个稍复杂一点的 HTML 代码，右边就是浏览器把左边的 HTML 代码进行"翻译"之后所得到的网页。

图 2-20

图 2-20 右边所示的网页，分为 4 块内容。从上到下，依次是图片、网站链接的列表、水果价格表和用户注册表单。这 4 块内容在 HTML 代码中分别通过一对<div>标签来进行区别。

要注意的是，在 HTML 代码中，不同标签之间的换行或空格都不会对浏览器的翻译产生影响。利用这一点，我们对图 2-20 中的代码进行了一些视觉上的区分，这样就增加了代码的可读性。

知识库

HTML 代码有的标签可以包含其他标签，而其他标签又可以继续包含其他标签。以此类推，这种 HTML 嵌套的方式可以把一个复杂的 HTML 网页变得结构化。我们后面在进行网页数据抓取的时候，可以多多利用这种嵌套结构。

如果读者仔细观察的话，有些标签在起始标签里，多了一些内容。如<img>标签中的src="flower.jpg"、<a>标签中的 href="https://www.python.org"、<h3>标签中的 style="color: red; "，而这些就是 HTML 标签的另一个重要特性：属性。

2.3.3　标签属性

如果读者对属性没有什么概念的话，我们可以举个汽车的例子。汽车的车身有不同的颜色，对于"车身颜色"，这个词就可以作为汽车的一个属性。如果汽车车身是黑色的，那么"黑色"就是"车身颜色"这个属性的值。

HTML 通过属性（Attribute）为 HTML 标签提供了额外的信息，HTML 标签的属性通常有以下特点。

① 属性都在起始标签里设置。
② 属性除了提供额外的信息，还能够影响标签之间的元素。
③ 属性通常以 属性="属性值" 的形式出现。
④ 标签可以拥有多个属性，属性的定义没有先后关系。

标签属性示例如图 2-21 所示。

<标签名称 属性1="属性值1" 属性2="属性值2">元素内容</标签名称>

图 2-21

我们知道<img>标签能够在网页中显示图片，但图片是从哪里来的呢？<img>标签中的 src

属性就指定了图片的来源，"flower.jpg"属性值表示图片来自于和 HTML 文件相同目录下的名叫 flower.jpg 的文件。当然我们也可以给 src 属性设置 URL 格式的属性值，这样<img>标签就会直接使用 URL 定位到的图片。

再看<h3>标签（<hx>标签用来表示标题，<h3>指的是 3 级标题）的 style 属性， 通过设置 style="color: red;"，就能够把<h3>标签之间的文字变为红色。

最后我们讲一下<a>标签，如果在图 2-17 所示的网页中单击了文字，浏览器就会打开其他的网页。这就是超链接。而浏览器打开的网页，准确地说应该是 URL，是通过<a>标签的 href 属性来指定的。

知识库

画重点了：HTML 标签的众多属性中 src 和 href 是进行网页数据抓取时使用得非常频繁的属性。通常图片或 URL 会作为属性，通过它们我们可以获取图片，或者进行多个 URL 之间的抓取。

HTML 标签的 style 属性在实际的互联网上是很少使用的，通常它会被另一种属性来代替：class。说到 class，我们就不得不提下面要讲的 CSS。

2.4　CSS 与 class

如果说 HTML 是开发商交出的清水房，那么 CSS 就是用来装修这个清水房的装修队。CSS（Cascading Style Sheets），中文叫层叠样式表。顾名思义，CSS 是用来控制 HTML 元素的样式，它可以设置字体大小、颜色、更改网页背景、布局等。我们甚至可以用它在网页上画一些图形。

图 2-22 为我们展示了 CSS 是如何来装修 HTML 的，以产生不同效果的网页。

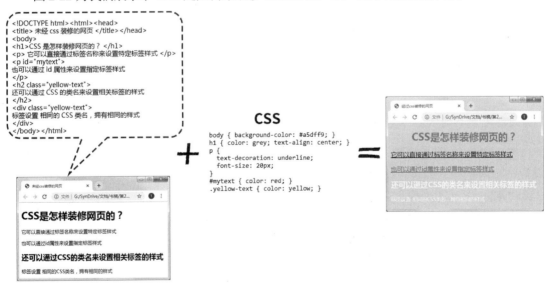

图 2-22

CSS 通常是定义在一个后缀名为.css 的文件里，我们通常在 HTML 代码中通过<link>标签将 CSS 文件加载进来：

```
<link rel="stylesheet" href="style.css">
```

通常<link>标签定义在<head>标签中，加载完成后，我们就可以通过在 CSS 文件里定义的各类规则来装饰 HTML 元素。CSS 的规则如图 2-23 所示。

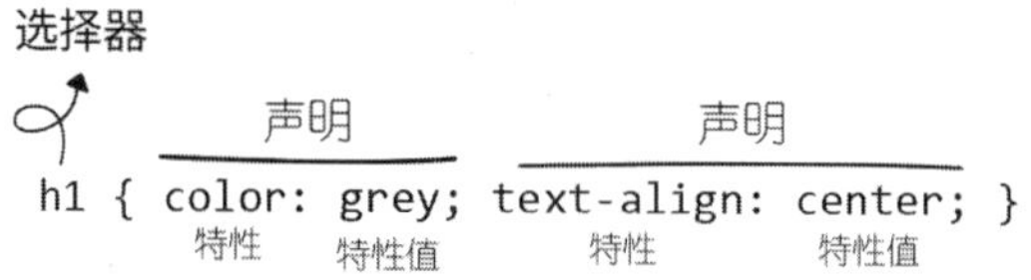

选择器

声明　　　　　　　　声明

h1 { color: grey; text-align: center; }
　　　特性　特性值　　　特性　　特性值

图 2-23

在图 2-23 中展示的就是一条 CSS 规则，CSS 规则通常由选择器和声明部分组成。选择器一般有 3 类。

（1）元素选择器

元素选择器通过 HTML 的标签名称来选择要装饰的元素，图 2-22 中的 body{…}、h1{…} 和 p{…} 这 3 个 CSS 规则就是使用的元素选择器。在结果网页中我们看到这 3 个元素的外观应用了对应的 CSS 规则。

（2）id 选择器

id 选择器通过指定 HTML 标签的 id 属性值来选择标签。图 2-22 中的第 2 个<p>标签设置了 id="mytext"的属性，因此它会被#mytext{…}选中，从而应用这条规则。但在之前<p>标签都应用了 p{…}这条 CSS 规则，第 2 个<p>标签就会拥有两个规则的效果。CSS 规则的效果可以叠加是它的一个特点。

（3）类选择器

图 2-22 中的 CSS 文件最后定义了.yellow-text{…}，这就是类选择器。我们可以通过 HTML 标签的 class 属性来指定元素需要应用的 CSS 规则。图 2-22 所示的 HTML 代码中<h2>和<div>都使用了 class="yellow-text"来选择.yellow-text{…}这个规则，在生成的网页中，也可以看到两个元素都应用 yellow-text 这个规则定义的黄色字体。

 笔记栏

HTML 标签的class 属性在使用 CSS 类选择器规则时，类名称前面的点去掉。

对于 CSS 的类选择器，我们可以有另一种理解。在图 2-22 右下角的网页中，假设我们要获取该页面上所有的黄色文字，应该怎么做呢？由于黄色的文字都通过在元素标签中设置 class="yellow-text"来应用对应的 CSS 规则，所以要获取黄色的文字，标签的属性 class="yellow-text"就可以作为一个入口。这里我们暂时不展开讲解了，第 4 章会专门介绍。

到目前为止，我们学习了 HTML 和 CSS，它们都是组成网页的基本组件。HTML 负责网页的基本框架，CSS 负责装饰网页。然而仅靠 HTML 和 CSS 这两个组件无法构建互联网上多样化的网页。对于网页，我们还需要另一个组件：JavaScript。

2.5　JavaScript 和 id

JavaScript 和 Python 一样，都属于编程语言。如果读者还在消化前面的 Python，请不要感到压力，因为这里我们不会深入学习 JavaScript，只需要简单了解它在网页中的作用即可。

当今互联网上的网页基本都离不开 JavaScript，HTML 用来创建网页的基本内容，CSS 来让网页变得更加漂亮，而 JavaScript 会帮助我们与网页进行一些互动。举个简单的例子：在一个网站注册账号，会要求填写邮箱地址，如果输入的邮箱地址格式不对，单击提交按钮时通常会弹出一些提示信息来告诉用户的邮箱地址填写有误。这种信息的验证，通常就是通过 JavaScript 来完成的。

JavaScript 能够对 HTML 的元素进行操作，更改元素的内容、外观等。还是看一个 Hello World 的例子吧。

```
1.  <!DOCTYPE html>
2.  <html>
3.  <head>
4.  <title>Hello JavaScript</title>
5.  <script>
6.  function sayHello() {
7.      document.getElementByid("hello").innerHTML = "Hello JavaScript !";
8.  }
9.
10. function turnRed() {
11.     document.getElementByid("hello").style="color: red;";
12. }
13. </script>
14.
15. </head>
16. <body>
17. <h1 id="hello"></h1>
18. <button onclick="sayHello()">Say hello</button>
19. <button onclick="turnRed()">Turn red</button>
20. </body>
21. </html>
```

这是一个简单的 HTML 代码，与之前的 HTML 代码不同的是，在<head>标签中我们使用<script>标签增加一些代码，这些代码就是 JavaScript。HTML 的源代码我们放在配套代码的 javascript 目录的 hello-javascript.html 文件里，我们直接通过浏览器来打开它，如图 2-24 所示。

图 2-24

打开的网页中只显示了两个按钮："Say hello"和"Turn red"。依次使用鼠标单击这两个按钮，网页会发生变化，如图 2-25 所示。

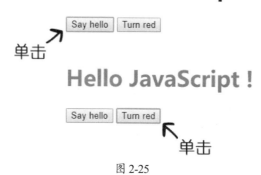

图 2-25

单击"Say hello"按钮，上方出现了"Hello JavaScript！"文本，再单击"Turn red"按钮，出现的文本颜色变成红色。这就是 JavaScript 的基本功能了，通过它可更改 HTML 元素。现在我们回头来看看 HTML 代码中的<script>标签的 JavaScript 代码。

```
1.  <script>
2.  function sayHello() {
3.      document.getElementById("hello").innerHTML = "Hello JavaScript !";
4.  }
5.
6.  function turnRed() {
7.      document.getElementById("hello").style="color: red;";
8.  }
9.  </script>
```

这个代码很简单，定义了两个方法：sayHello()和 turnRed()。这两个方法都使用了 document. getElementById()来选择 HTML 元素，选择元素之后对元素的属性进行修改，就能够达到上面的效果。接下来是<body>标签中的一些 HTML 元素。

```
1.  <body>
2.  <h1 id="hello"></h1>
3.  <button onclick="sayHello()">Say hello</button>
4.  <button onclick="turnRed()">Turn red</button>
5.  </body>
```

这里一共有 3 个元素，但<h1>我们并没有在标签之前加上文本，因此在图 2-24 中它是不可见的，所以只能看到两个按钮元素。

在<h1>元素里，我们添加了 id 属性，属性值是 hello。document.getElementById()方法参数就传递这个 id 的值，它会选择这个<h1>进行一些操作，上面的示例已经验证了。

紧接着<h1>元素的是两个<button>元素，它们通过属性 onclick 分别设置，或者说绑定了前面定义的 JavaScript 方法。onclick 这个属性是一个事件属性，事件属性是什么意思呢？通常使用单击这个按钮的时候会触发 onclick 事件，然后就会执行 onclick 属性绑定的 JavaScript 方法中的代码。所以示例中的<h1>元素通过定义的两个 JavaScript 函数显示了文本，并且改变了颜色。

id 这个属性为 HTML 元素指定了独一无二的名称。在设计正确的网页中，id 与元素是一对一的关系。像上面代码中的<h1>元素，通过 id="hello"就可以找到这个元素了。

接下来我们讲一下 JavaScript 更改元素内容的另一种方式。前面我们已经知道 HTML 代码中有的标签是可以进行相互嵌套的。JavaScript 利用这个特点，除能够更改标签的文本外，还能够为指定的标签增加新的元素。请看下面的代码。

```
1.  <!DOCTYPE html>
2.  <html>
3.  <head>
4.  <title>Hello JavaScript</title>
5.  <script src="fruit.js"></script>
6.  </head>
7.  <body>
8.  <button onclick="showTable()">显示水果价格表</button>
9.  <table id="fruit" border="1"></table>
10. </body>
11. </html>
```

上面的 HTML 代码中<body>标签里定义了两个元素：<button>和<table>。其中<table>标签之前并没有文本，因此在浏览器中是不可见的。再看<script>标签，并没有像前面的一样，把脚本直接写在<script>标签之间，而且是使用类似加载外部 CSS 文件的方法，把名称 fruit.js 的 JavaScript 文件加载进来。JavaScript 通过<script>标签的 src 属性加载进来后，就可以在当前 HTML 中使用 JavaScript 文件里定义的一些方法了，这就是为什么<button>标签能够在 onclick 属性中绑定 showTable()方法。

代码 2-1 就是加载进来的 fruit.js 文件。经过前面对 Python 的学习，如果读者能够对该代码了解个大概，则证明你的 Python 学得还是不错的。前面使用 JavaScript 声明变量的方式，初始化了一个名为 fruits 的数组，而数值里的 3 个元素与 Python 中的字典基本一样，在 JavaScript 中将其称为 JSON。简单地说，它们都是用来保存数据的一种类型。

下面就是定义的 showTable()方法，它里面定义了 htmlContent 来保存表格的<tr>、<td>标签的字符串，然后使用一个 for 循环语句把 fruits 数据里的 JSON 依次读取出来，再拼接到 htmlContent 变量里。

最后，使用前面讲过的 document.getElementByid()来选择 HTML 中 id="fruit"的元素，并用 htmlContent 变量来替换它的内容。

代码 2-1

```
1.  var fruits = [{"name":"苹果","price":"￥8.3"},
2.              {"name":"香蕉","price":"￥2.4"},
3.              {"name":"西瓜","price":"￥6.7"},];
4.
5.  function showTable() {
6.      htmlContent = "<tr><td>水果</td><td>价格(每公斤)</td></tr>"
```

```
7.        for(x in fruits) {
8.            item = "<tr><td>" + fruits[x].name + "</td><td>"
9.                    + fruits[x].price + "</td></tr>";
10.           htmlContent += item;
11.       }
12.       document.getElementById("fruit").innerHTML = htmlContent;
13. }
```

在浏览器中的运行效果如图 2-26 所示。

图 2-26

网页打开时跟前面讲的一样，<table>标签是没有显示的，但我们在单击"显示水果价格表"按钮后，showTable()方法就直接通过改变<table>标签的内容把表格显示出来。

举这个实例的主要原因是为了说明我们可以通过一些行为，像单击按钮、甚至滚动网页都可以触发 JavaScript 对网页内容进行更改。

不论浏览器是打开本地的 HTML 文件，还是在线的网页，都是把 HTML 的代码加载到浏览器中，通常 HTML 通过<link>标签把外部的 CSS 和 Javascript 文件嵌入到 HTML 代码中，HTML 代码还会使用类似<img>标签来获取外部资源（图片、视频等）。最后由浏览器把 HTML 代码翻译出来，这样就能够为我们展现各式各样的网页了。

2.6 网页分析工具

在对网页的概念有了一定的了解后，我们可以尝试从网页上获取一些数据，如 URL、图片等。要获取这些数据，我们需要对网页进行分析。但平时浏览的网页并不像前面实例中展示的网页那么简单，现实中的网页通常会因为其庞大的信息量，导致它拥有非常复杂的结构。

要从这些复杂的网页中获取数据，就需要使用工具来辅助我们了，下面讲解谷歌开发者工具。

2.6.1 谷歌开发者工具

谷歌开发者工具是包含在谷歌浏览器中的一个插件，这个工具经过多年的发展已经成为公认的网页分析利器。我们已经安装了谷歌浏览器，现在就可以直接使用谷歌开发者工具了。

在安装完成后，我们打开谷歌浏览器，通过右上角的菜单可以找到图 2-27 所示的菜单项。

图 2-27

通过"开发者工具"菜单项，打开这个强大的工具，就可以开始对浏览器中的网页进行分析了。

 笔记栏

在打开谷歌浏览器之后，直接按 F12 键，即可直接打开"开发者工具"。也可以使用 Ctrl+Shitf+I 快捷键。

打开"开发者工具"后，如图 2-28 所示，浏览器窗口会分为左右两屏：左边是普通网页，而右边默认显示的是"开发者工具"中的 HTML 元素面板（Elements）。

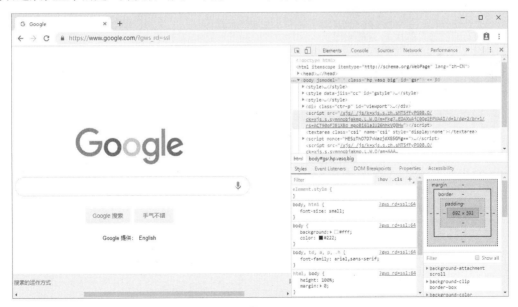

图 2-28

 笔记栏

如果不喜欢"开发者工具"的位置，可以通过图 2-29 所示的按钮来对它在浏览器中的位置进行控制，甚至可以直接让"开发者工具"和浏览器脱离，形成单独的窗口。

图 2-29

下面我们来看下"开发者工具"都有哪些功能吧。

2.6.2　查看网页结构

查看网页结构是比较常用的功能，可以使用它来辅助定位网页上的 HTML 元素。通常这些元素包含我们所需要的数据。

实战操作

① 打开谷歌浏览器，在地址栏中输入"movie.douban.com"。网页加载完成后按 F12 键，打开谷歌开发者工具。图 2-30 所示的方框处为当前网页在浏览器中对应的 HTML 代码。

图 2-30

② 单击元素面板上的元素查看按钮，激活查看功能（见图 2-31）。

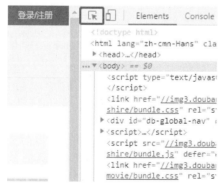

图 2-31

③ 在网页中移动鼠标指针，将鼠标指针指向不同的网页元素，同时观察元素面板中的 HTML 代码的变化。当鼠标指针指向不同的网页元素时，HTML 代码会跳转到对应元素标签位置。例如，在网页中选定某个元素——一张图片（见图 2-32）。

图 2-32

被选中的图片，在元素面板中所对应的 HTML 代码会蓝色高亮显示。（由于网站的更新，本书的内容与实际的内容有差异。）

④ 反过来，在"开发者工具"中，用鼠标指针在不同的 HTML 标签之间移动，也可以在网页中高亮显示对应的网页内容，如图 2-33 所示。

图 2-33

前面讲过，HTML 代码中的标签通常是成对出现的，并且有些标签之间可以相互嵌套。而"开发者工具"通过折叠的方式来体现这种特性。通过单击 HTML 标签前面的黑色三角形，可以展开/折叠嵌套的元素，以便我们更容易地分析复杂的网页。

2.6.3　定位指定的元素

在 movie.douban.com 网页上有一块叫"一周口碑榜"的内容，通过它我们可以了解本周电影的口碑排名，如图 2-34 所示。

图 2-34

现在我们想获取这个排名，或者说获取这块网页的内容，一起来看下谷歌开发者工具是怎样操作的。

实战操作

① 进入查看模式，用鼠标指针定位到网页中的"一周口碑榜"，高亮显示元素面板中对应的 HTML 代码。然后在 HTML 代码中通过根据 HTML 的嵌套关系找到我们需要内容的外层元素，如图 2-35 所示。

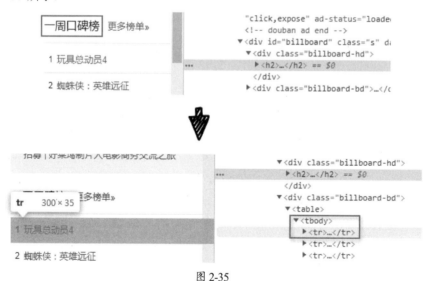

图 2-35

可以看出，"一周口碑榜"排名中的条目对应的是 HTML 中的 tr 元素，而这些条目的最外层是一个名为 tbody 的元素。

② 在元素面板中用鼠标右键单击<tbody>这个元素，在弹出的菜单中选择 Copy→Copy element，如图 2-36 所示。

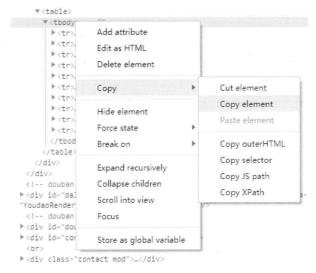

图 2-36

这样我们就把指定元素的 HTML 代码全部复制了，可以在自己熟悉的文本编辑器中粘贴。当然，由于我们复制的是 HTML 代码，所以要获取所需的数据可能还得自己手工处理，在第 3 章中，我们就会使用代码来自己处理这些数据了。

但不管怎样，我们还是成功地"获取"了所需的数据。

2.6.4　筛选不同的资源

通常浏览器在打开一个网页时，会先下载网页对应的 HTML 代码。我们知道，HTML 代码中含有很多资源，如 CSS、JavaScript、图片等。因此，在下载 HTML 之后，浏览器会继续下载这个 HTML 代码中包含的资源。谷歌开发者工具会对浏览器请求的不同资源进行分类，以方便我们进行资源筛选。

① 打开谷歌开发者工具，但这次我们要切换到一个新的面板，即网络面板（Network），如图 2-37 所示。

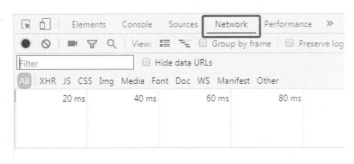

图 2-37

② 还是以豆瓣电影网为例（movie.douban.com），在浏览器中打开该网页。等浏览器把网页下载完成之后，可以在谷歌开发者工具的左下角看到，打开豆瓣电影的网页一共有 236 个资源请求（实际可能有差异），如图 2-38 所示。这些资源就组成了豆瓣电影网的首页。从这么多请求里找到我们需要的资源还是比较麻烦的，这时就可以利用谷歌开发者工具来帮助我们进行

信息的筛选了。

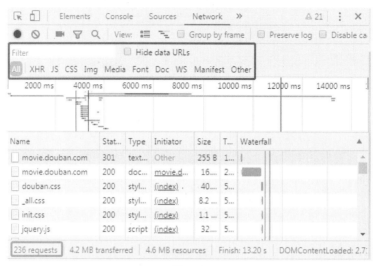

图 2-38

③ 在图 2-38 中上部长方框标示出了筛选工具，我们尝试单击各个按钮来观察筛选结果，如单击"Img"按钮进行筛选（见图 2-39）。可以看出，所有的图片请求都被筛选出来了，左下角的"164/236"表示 236 个请求里一共有 164 个图片。

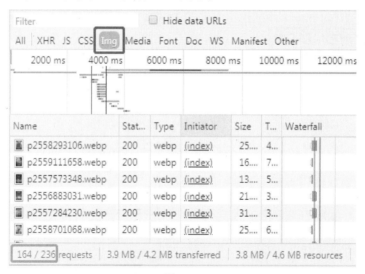

图 2-39

下面列出的是几个筛选按钮的作用，通过这几个按钮，我们可以对大部分资源进行筛选。

All：显示所有的资源。

XHR：仅显示 XHR，通常 XHR 用来加载一些 JavaScript 需要的数据。

JS：仅显示 JavaScript。

CSS：仅显示 CSS。

Img：仅显示图片文件。

Media：仅显示多媒体（mp3、wav 等）。

Font：仅显示字体。

Doc：仅显示类似 HTML 的文档。

WS：仅显示 Websockets。

Manifest：清单文件，不常见。

Other：筛选出其他资源。

④ 除上面指定的按钮外，我们还可以在"Filter"的文本框里输入文字进行筛选。例如，我们可以输入"png"来筛选出带有 png 名字的资源，如图 2-40 所示。

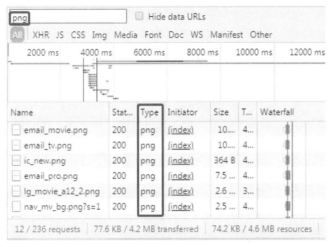

图 2-40

⑤ 在筛选出特定的资源列表后，可以直接用鼠标右键单击任意资源（见图 2-41），获取资源相关的信息，如该资源的 URL。通过该 URL，我们可以直接在浏览器里单独下载该资源。

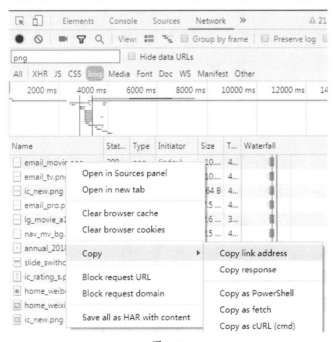

图 2-41

以上是谷歌开发者工具比较基本的三个功能，同时也是我们后面进行网页数据抓取使用比较频率的功能。

现在我们知道，在浏览器打开一个网页的时候，会下载组成这个网页的众多资源（HTML、图片、CSS、JavaScript 等）。但这些资源是通过什么方式被下载到浏览器中的呢？下面要讲的 HTTP 会告诉我们答案。

2.7　网页的快递——HTTP

HTTP 是一种应用协议，全称是 Hypertext Transfer Protocol，超文本传输协议。

 笔记栏

在计算机领域，协议是通信双方必须共同遵守的一些约定（这里的"双方"指的是浏览器与网站的服务器）。例如，浏览器应该给服务器发送什么样的请求，服务器应该给浏览器一些什么样的响应等。这就像人与人之间的交流，肯定是使用共通的语言来进行的。

HTML 与 HTTP 都"姓 HT"，HT 是超文本的英文缩写。HTML 是超文本标记语言，而HTTP 是超文本传输协议，因此可以简单地认为 HTTP 就是用来配送（传输）HTML 的，而事实上也是如此。

HTTP 是基于一种请求/响应模式，如图 2-42 所示。

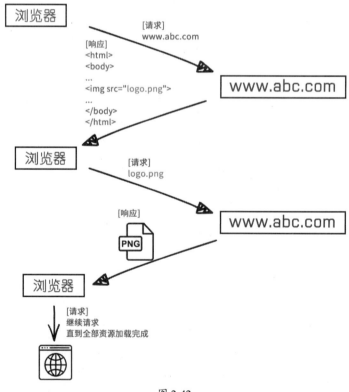

图 2-42

我们在浏览器中输入网址 www.abc.com 并按回车键，浏览器就向 www.abc.com 网站发送一个 HTTP 请求（通常是请求 www.abc.com 对应的网站首页）。然后 www.abc.com 会响应浏览器的这个请求，以 HTTP 响应的形式把 www.abc.com 的首页 HTML 代码传送给浏览器。浏览器收到响应之后，会对 HTML 代码进行解析。如果这个 HTML 代码包括其他一些资源（图片、CSS、JavaScript 等），浏览器会继续发送请求，直到把组成这个首页的资源完全获取，再将它以网页形式显示出来。这就是一个 HTTP 的简单交互过程。

 知识库

HTTP 分为请求和响应两部分，通常一个请求会使用 URL 来确定一个资源（HTML、图片、CSS、JavaScript 等）。请求和响应通常是成对出现的，除非网站的服务器出了问题，才会拒绝响应浏览器的请求。

2.7.1 HTTP 请求

HTTP 请求应该是什么样的？根据前面的介绍，HTTP 请求至少要包含所请求资源的URL，通过它网站才知道我们需要什么资源。除此之外，浏览器通常会给网站传递一些自己的信息，如浏览器版本、使用的操作系统，这类信息通常保存在 HTTP 请求的 User-Agent 里。

User-Agent 通常会出现在 HTTP 请求的头部（Request Header），HTTP 请求的部分也会包含其他需要传递给网站的一些信息。

图 2-42 所示例子中的 HTTP 请求，只单纯地向网站获取信息，这种类型的 HTTP 请求叫 GET。HTTP 还有一种常见的请求，叫 POST。POST 请求通常出现在使用账号登录网站的时候，用户需要向网站提供账号和密码，这些数据就要使用 HTTP 的 POST 请求发送给网站。

HTTP 请求的类型由 HTTP 的请求行（Request-line）决定。请求行样式如下：

GET /index.html HTTP/1.1

POST /login HTTP/1.1

请求行还带有 HTTP 版本号，目前使用最广泛的是 1.1 版。由于 HTTP 的 POST 请求需要向网站提供信息，因此它还有额外的消息体（Message Body），而 GET 请求一般是没有消息体的。因此，HTTP 的请求如图 2-43 所示。

```
GET /index.html

Host: www.abc.com
User-Agent: Chrome
......
```

```
POST /login

Host: www.abc.com
User-Agent: Chrome
......

{"username":"zhang",
"password":"xxxxxx"}
```

图 2-43

2.7.2　HTTP 响应

HTTP 响应结构与 HTTP 请求类似，只不过请求行变成了状态行（Status-line）：

HTTP/1.1 200 OK

HTTP/1.1 404 Not Found

状态行里含有 3 个数字组成的状态码，后面通常由一个简单的词语来描述响应状态，表 2-1 所示为一些常用的状态码。根据这些状态码可以判断发送的 HTTP 请求是否成功，或者出了什么问题。

表 2-1

状 态 码	含　　义
200	表示请求成功，请求的内容会和响应一起返回给浏览器
304	表示请求的内容与上次的一样，也就是表明浏览器的缓存里有这个请求的内容
404	表示请求的资源在网站服务器上不存在
500	表示网站的服务器出现错误

同样，HTTP 响应拥有头部（Response Header），包含一些网站的信息。由于 HTTP 响应通常都会给 HTTP 请求返回一些信息，因此 HTTP 响应基本上都拥有消息体。

 知识库

HTTP 有一种叫 HEAD 的请求，顾名思义，这种请求只请求头部信息，也就是说网站服务器对这种方法只响应状态行和头部，并不响应消息体。

我们请求的资源，如 HTML、图片、CSS 等都保存在消息体里。HTTP 响应的格式如图 2-44 所示。

```
HTTP/1.1 200 OK

Server: nginx
Content-Type: text/html
Set-Cookie: token=xxxxxx
......

<html>
......
</html>
```

图 2-44

HTTP 请求和响应模式与网上购物邮寄快递类似。例如，HTTP 的 GET 请求，它就像网上购物。图 2-43 中的左图是 GET 的请求头部，请求行 "GET /index.html" 可以理解为我们要买的东西。请求行下面的其他请求头部就是我们的一些信息，如快递的邮寄地址、需要使用什么快递公司来邮寄等。而店家（网站服务器）在接收到我们的 GET 请求后，根据该请求传递的信息，把我们所需的物品（网页）通过 HTTP 快递（响应）给客户（通常是浏览器）。

POST 请求和网上购物不满意时发生的换货类似。通常我们会自己把要退换的物品包装在包裹里（POST 请求中的消息体），然后在包裹上标明我们的信息及店家（网站服务器）的邮寄地址（HTTP 的 POST 请求头部）。最后通知 HTTP 快递把包裹（HTTP 的 POST 请求）发送给店家。同样店家收到后就会把更换的物品（HTTP 响应）通过 HTTP 快递发给客户。

这种不停购物、退换货的行为，通常出现在我们使用浏览器浏览网页的时候。"古人"把这种行为称为"网上冲浪"。

2.7.3 HTTP 的应用——Cookie 和 Session

不知道读者是否有过这种体验：当我们在一个网站使用用户名和密码登录时，即使关闭浏览器，下次再打开这个网页时，浏览器也会保持我们账号的登录状态。这是 HTTP 实际应用的一种，当然要实现它还需要另外两个技术，一个是浏览器端的 Cookie，另一个是保存在服务器端的 Session。如图 2-45 所示，我们来分析这种自动登录的原理及过程。

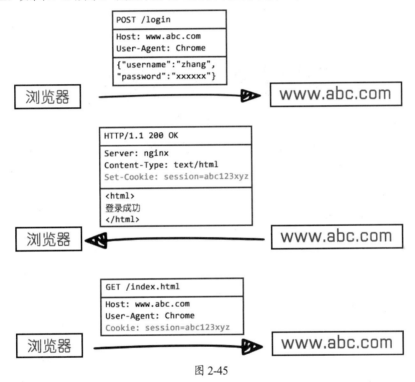

图 2-45

首先是用户在浏览器的网页中输入自己在这个网站（www.abc.com）中正确的用户名和密码，然后通过 HTTP 的 POST 请求发送给网站的服务器。

紧接着，网站服务器在收到用户的登录请求后，会对用户名和密码进行验证，如果通过验证，网站就会在服务器这一边给用户保存一个会话（Session）表示用户已经登录成功。同时会给浏览器的这个请求设置 200 的响应码，并把正确登录后网页的 HTML 代码放在 HTTP 响应的消息体里。但更重要的是，网站在响应的头部增加了一个信息 Set-Cookie: session=abc123xyz。这是比较关键的地方，session=abc123xyz 是用户在网站上登录会话的一个标识。

浏览器在收到登录成功的 HTTP 响应时，会发现响应头里有 Set-Cookie 的信息，并且会把网站的会话标识保存在浏览器中的 Cookie 里，Cookie 是保存在浏览器内的一个小文件。以后每次浏览器在访问 www.abc.com 时，都会在请求头部加上这个 Cookie，把 session=abc123xyz 发送给网站，网站将这个字符串与自己保存的会话进行对比，如果确认用户已经登录过，就直接响应用户登录之后才能看到的网页。

整个自动登录的过程，非常巧妙地利用了 HTTP 响应头部的 Set-Cookie，以及 HTTP 请求头部的 Cookie，将保存服务器的 Session 和浏览器的 Cookie 关联起来。

通常用户的登录会话是有一定有效期的，有的网站会设置一些选项来让用户选择是否保存登录会话，如图 2-46 所示。

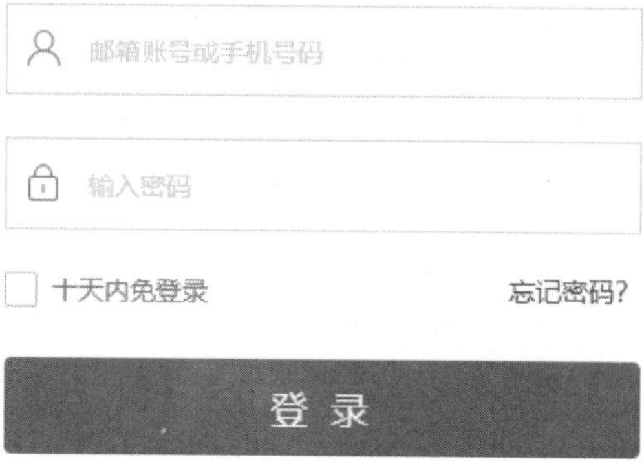

图 2-46

但如果用户在清除浏览历史记录时不小心清除了 Cookie，就会把保存在 Cookie 里的会话标识一起清除，浏览器找不到对应的会话标识来发送给网站服务器，网站会判定用户没有登录过，如图 2-47 所示。

图 2-47

2.7.4 实战——HTTP 的交互过程

前面我们了解了基本的 HTTP 原理，现在要利用谷歌开发者工具看看实际的 HTTP 请求/响应的交互过程。其实在 2.6.4 节资源筛选内容中，我们已经对 HTTP 有了一定的接触，浏览器打开网页时加载的每个资源都是通过 HTTP 的请求/响应来获取的。也就是说，在谷歌开发者工具看到的资源列表就是 HTTP 的请求/响应的列表。

首先打开谷歌开发者工具，切换到网络面板（见图 2-48）。

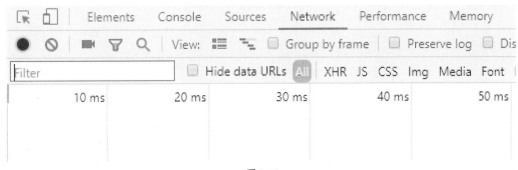

图 2-48

然后在浏览器的地址栏里输入"https://tools.ietf.org/html/rfc2616"，这是 HTTP 的一个旧标准。因为该网页比较简单，所以先从它来入手。网页加载完成之后，会出现如图 2-49 所示的界面。

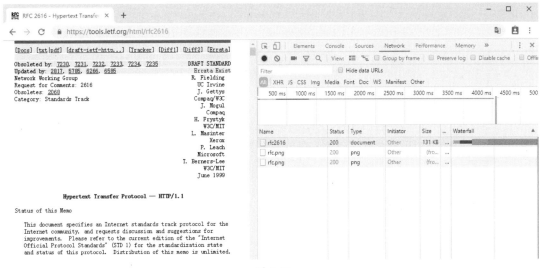

图 2-49

在谷歌开发者工具中，我们可以看到打开该网页有三个请求/响应：一个文档，两个 png 图片。

通过鼠标单击第一个条目，条目列表的右边会出现一个信息窗口，如图 2-50 所示。信息窗口显示的信息就是该条目的 HTTP 请求/响应的信息。

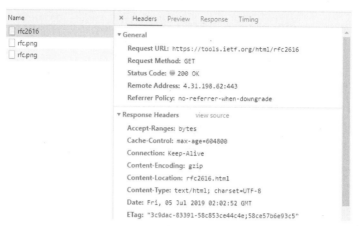

图 2-50

在窗口的上方有几个按钮 ![buttons](Headers Preview Response)，通过这几个按钮，可以切换视图，显示不同的信息。"Preview"按钮可以用来对条目进行预览，预览结果与谷歌开发者工具左边的浏览器窗口显示的内容一致。但如果选择"rfc.png"条目的话，预览结果会是一个图片。"Response"按钮可以用来显示 HTTP 响应的消息体，由于第一个条目请求的是一个网页，所以Respose 窗口就会显示对应网页的 HTML 代码（见图 2-51）。

图 2-51

这个 HTML 上会嵌入图片、CSS 之类的资源，这时浏览器会帮我们继续请求这些被嵌入的资源，所以另外两个图片资源也被请求下来，如图 2-52 所示。

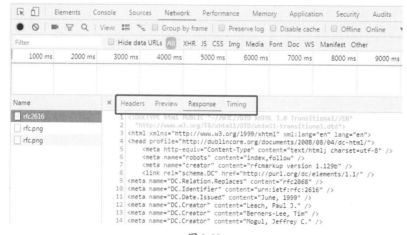

图 2-52

最后切换回 Headers 界面，这个界面的信息就是前面所讲的 HTTP 请求/响应的头部。它包含三个内容：General、Response Headers（响应头部）和 Request Headers（请求头部），如图 2-53 所示。

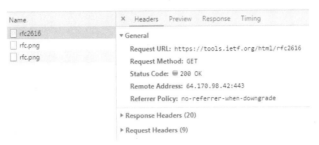

图 2-53

General 是总结性的信息，它通常包含 HTTP 请求的请求行（Request-line）和 HTTP 响应的状态行（Status-line）的信息。例如，请求的 URL（https://tools.ietf.org/html/rfc2616），HTTP 请求的方法（GET）及响应的状态码（200）等。

而 Response Headers 和 Request Headers 的信息就比较多了（见图 2-54），我们暂时不用一一了解。但可以跟前面所讲的知识结合起来，如请求头部中的 User-Agent 就是 HTTP 请求用来向服务器传递我们所使用的浏览器信息。由于我们当前访问的网页是不需要登录的，所以在图 2-54 的左边的响应头部没有与 Cookie 相关的信息。

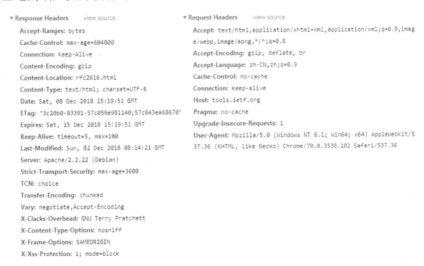

图 2-54

通过这个实例，我们了解了使用谷歌开发者工具能够帮助我们更好地分析加载到浏览器的网页。

 敲重点

要从网页中获取数据，分析网页结构是必然的。谷歌开发者工具为我们提供了非常方便的网页分析功能。在第 3 章的网页数据抓取中，它将发挥很大的作用。因此，熟练掌握它是非常必要的，赶紧打开几个网站操练起来吧！

2.8　以 URL 结束

在本章的前部我们简单地介绍了 URL，通过它能够帮助我们定位网络中的资源。URL 的简单格式：

https://网站域名/路径

在本章的后部我们会对 URL 进行补充，再介绍 URL 的一种常用功能。先来看几个示例 URL：

https://movie.douban.com/top250?start=0&filter=

该 URL 的格式与上面的 URL 格式有一点区别，就是在路径后面多了以?开头的字符串

?start=0&filter=

那么我们的 URL 格式就变成了

https://网站域名/路径?参数 1=参数值 1&参数 2=参数值 2···

?start=0&filter=字符串就是 URL 的参数。URL 参数从?开始，参数个数为一个或多个（当然也可以没有）。如果 URL 有多个参数，则这些参数会通过&来拼接。每个参数由=前面的参数名和后面的参数值组成：

参数名 1=参数值 1

对于?start=0&fileter=，包含两个参数，见表 2-2。

表 2-2

参　数　名	参　数　值
start	0
filter	空

那么，URL 的这两个参数有什么含义和作用呢？我们可以通过浏览器来体会一下，直接在浏览器中打开 https://movie.douban.com/top250?start=0&filter=，浏览器会出现图 2-55 所示页面。

图 2-55

这是豆瓣电影 Top 250 的页面，该页面上只有前 25 部电影的排名。而页面底部有一个分页导航，如图 2-56 所示。

<前页　**1**　2　3　4　5　6　7　8　9　10　　后页>　　(共250条)

图 2-56

分页导航是在网页设计中比较常见的一种方法。设想一下，如果在一个网页上把 250 个电影都显示出来，则这个网页会很长，用户需滚动很多次鼠标才能浏览完成整个网页，自然用户体验就会很差。因此，在设计网页时会把这种具有相同类型的大量数据分页来显示。用户通过单击页面或前/后页按钮来进行翻页，在单击翻页按钮的同时，要注意浏览器地址栏的变化。

第 1 页 URL：https://movie.douban.com/top250?start=0&filter=

第 2 页 URL：https://movie.douban.com/top250?start=25&filter=

第 3 页 URL：https://movie.douban.com/top250?start=50&filter=

……

URL 的变化规律还是很明显的，由于每个页面只显示 25 部电影，因此在通过分页导航翻页时，URL 的 start 参数是以 25 来递增的。我们可以推断 start 参数是用来控制每个页面电影的起始位置的。

为了验证我们的推断，在浏览器地址栏里输入"https://movie.douban.com/top250?start=6&filter="，即我们手动设置了 start=6，显示页面如图 2-57 所示。

图 2-57

从图 2-57 所示的页面可以得出，我们对 start 作用的推断是正确的。

但另一个 filter 参数呢？它目前没有参数值，一直以 filter= 的形式出现在 URL 的参数里。我们尝试将它从 URL 里去掉会有什么效果，在浏览器中打开 https://movie.douban.com/top250?start=6，显示页面和图 2-57 所示的一样，这说明如果 filter 参数为空，那么不传递它也是可以的。

通过上面的实例，我们了解了 URL 的参数能够为 URL 提供一些信息，这些信息传给 URL 的路径之后，会给浏览器返回不同的内容，从而让浏览器出现不同的网页。当然不仅是翻页功能，URL 参数还可以控制网页的其他内容，例如：

https://movie.douban.com/typerank?type_name=%E5%96%9C%E5%89%A7%E7%89%87&type
=24&interval_id=100:90&action=unwatched

它对应的网页如图 2-58 所示。

图 2-58

我们先来分析 URL 的参数，见表 2-3。

表 2-3

参　数　名	参　数　值
type_name	喜剧片（有时 URL 里的中文会被浏览器编码成%XX%XX 的形式）
type	24
interval_id	100:90
action	unwatched

然后我们把参数与网页进行对比，会发现传递给 URL 的参数与网页显示的内容是匹配的（见图 2-59）。

图 2-59

通过 URL 参数，我们可以直接修改 URL 来决定网页的内容。换句话说，如果我们了解 URL 参数的规则，就可以自己通过 Python 代码来生成一些 URL，并获取所需的内容。这种方式是第 3 章的核心内容。

2.9　本章总结

本章的内容全部围绕网页来进行，通过本章的学习，我们能够了解以下内容。
- URL 的格式，以及 URL 与网络资源的对应关系。
- 利用 HTML、CSS 和 JavaScript 等资源可以创建出各种网页。
- HTML 的标签含有各种属性，我们可以通过标签属性 id、class 来定位元素。
- 通过 CSS 可以控制 HTML 元素外观，而通过 JavaScript 可以控制元素行为。
- HTML 通过自己的标签，再结合 CSS 和 JavaScript，能够组成复杂的网页。
- 浏览器会向网站发起 HTTP 请求来获取各种资源，网站会通过 HTTP 响应把资源发送给浏览器。
- 谷歌开发者工具提供的各种功能能够帮助我们进行各种网页分析。

第3章 数据抓取

我们在浏览网页资源时，其实也是获取网页数据的一个过程。但对于有大量数据的网页，可以使用编程的方式来高效地抓取数据，以方便我们对数据做统计、分析。通过前面对Python、HTML、HTTP 及谷歌开发者工具的学习，我们可以正式开始对网页数据进行抓取了。本章将偏重实战，通过各种比较典型的实例来详细讲解网页抓取的过程。前面的工具在本章中将会一起工作，组成一套强大的数据抓取工具。

3.1　工具准备

我们需要通过代码来模拟浏览器行为，帮助执行 HTTP 的请求，获取 HTTP 响应等。Python 本身的标准库里带有相关库可以完成相关的任务，但我们有更简单易用的第三方库：requests（http://cn.python-requests.org/zh_CN/latest/）。它声称让 HTTP 为人类服务，我们先来看看是不是方便人类使用。

前面安装 Anaconda 开发工具套件里已经包含了 requests 库，所以可以直接在 Jupyter 里使用。

代码 3-1

```
1.  import requests
2.
3.  http_response = requests.get("https://movie.python.org")
4.  print(http_response.text)
```

直接在 Jupyter 里运行代码 3-1，可以看到下面的输出：

```
<!DOCTYPE html>
<!--[if lt IE 7]>   <html class="no-js ie6 lt-ie7 lt-ie8 lt-ie9">   <![endif]-->
<!--[if IE 7]>      <html class="no-js ie7 lt-ie8 lt-ie9">          <![endif]-->
<!--[if IE 8]>      <html class="no-js ie8 lt-ie9">                 <![endif]-->
<!--[if gt IE 8]><!--><html class="no-js" lang="en" dir="ltr">   <!--<![endif]-->

<head>
    <meta charset="utf-8">
    <meta http-equiv="X-UA-Compatible" content="IE=edge">

    <link rel="prefetch" href="//ajax.googleapis.com/ajax/libs/jquery/1.8.2/jquery.min.js">

    <meta name="application-name" content="Python.org">
    <meta name="msapplication-tooltip" content="The official home of the Python Programming Language">
    <meta name="apple-mobile-web-app-title" content="Python.org">
```

在上面的代码中，使用 requests 库发送了一个 HTTP 的 GET 请求。HTTP 的响应直接保存在了http_response 变量里，我们可以通过该变量来获取需要的信息，如通过 http_response.text 获取HTML 代码的文本。我们还可以通过 http_reponse.headers 和 http_response.status_code 来获取 HTTP

响应的头部和状态码，headers 返回的是一个 Python 字典，而 status_code 返回的是一个整数。

```
1.  print(http_response.headers)
2.  print(http_response.status_code)
```

下面再来看看 requests 是如何发送 POST 请求的。POST 请求需要向网站发送数据，我们找到一个专门用来测试 HTTP 的网站：https://httpbin.org。

代码 3-2

```
1.  import requests
2.
3.  http_response = requests.post('https://httpbin.org/post',
4.                                 data = {'hello':'world'})
5.  print(http_response.text)
```

代码 3-2 中使用了 requests.post()方法，把一个 Python 字典{"hello":"world"}赋值给 post()方法。字典里的数据将会作为 POST 请求的消息体传递给 httpbin.org/post 这个 URL，该 URL 会进行如下响应。

```
{
    "args": {},
    "data": "",
    "files": {},
    "form": {
      "hello": "world"
    },
    "headers": {
      "Accept": "*/*",
      "Accept-Encoding": "gzip, deflate",
      "Content-Length": "11",
      "Content-Type": "application/x-www-form-urlencoded",
      "Host": "httpbin.org",
      "User-Agent": "python-requests/2.21.0"
    },
    "json": null,
    "origin": "104.168.211.122, 104.168.211.122",
    "url": "https://httpbin.org/post"
}
```

httpbin.org/bin 这个 URL 会向我们响应一些测试信息：通过 post()方法传递给 URL 数据，requests.post()方法的 HTTP 请求头部等。从头部信息的 User-Agent 可以看出，我们使用的是 python-requests/2.21.0 这个库来发出的 HTTP 请求。服务器可以很容易地识别这个不是正常的浏览器请求，有些严格的服务器检测到这种类型的 User-Agent 会直接拒绝这个请求。因此，在需要的情况下，我们可以伪造 HTTP 请求头部的 User-Agent 信息。

代码 3-3

```
1.  import requests
2.
3.  myheaders = {"User-
Agent": "Mozilla/5.0 (Windows NT 10.0; Win64; x64) AppleWebKit/537.36 (KHTML, like Gecko) Chrome/74.0.3729.
```

```
131 Safari/537.36"}
4.  http_response = requests.post("https://httpbin.org/post", headers=myheaders, data = {'hello':'world'})
5.  print(http_response.text)
```

在代码 3-3 中，我们定义了名为 myheaders 的 Python 字典，设置 User-Agent 为正常的浏览器值，再运行代码时，HTTP 的响应里就会检测到伪造的 User-Agent 值：

```
{
  "args": {},
  "data": "",
  "files": {},
  "form": {
    "hello": "world"
  },
  "headers": {
    "Accept": "*/*",
    "Accept-Encoding": "gzip, deflate",
    "Content-Length": "11",
    "Content-Type": "application/x-www-form-urlencoded",
    "Host": "httpbin.org",
    "User-Agent": "Mozilla/5.0 (Windows NT 10.0; Win64; x64) AppleWebKit/537.36 (KHTML, like Gecko)
chrome/74.0.3729.131 s afari/537.36"
  },
  "json": null,
  "origin": "104.168.211.122, 104.168.211.122",
  "url": "https://httpbin.org/post"
}
```

笔记栏

https://developers.whatismybrowser.com/useragents/explore/ 这个网站提供了各种浏览器的 User-Agent，可以根据自己的需要来进行选择。如果出现有些网页不能抓取的情况，可以利用 requests.get() 或 requests.post() 方法的 headers 参数进行伪装。

关于 requests 库的用户，我们先介绍到这里，在后面的数据抓取实例中，还会进一步讲解 requests 库的使用。

3.2 Xpath 和 lxml.html

现在已经找到在代码中可以当作浏览器使用的 requests 库，但我们还需要类似像谷歌开发者工具那样能够通过代码来分析网页。而 Xpath 和 lxml.html 就是我们要找的分析工具。

3.2.1 网页分析利器——lxml

lxml 是用来处理 XML 和 HTML 的一个 Python 第三方工具库，通常我们会使用它里面的 html 工具，也就是 lxml.html。而在 lxml.html 库里有一个常用的方法 lxml.html.fromstring()，这个方法会把我们通过 requests 库获取的 HTML 文本转换成可以分析的 HTML 对象。

关于这个 HTML 对象，可以把它当作我们用谷歌浏览器的开发者工具来分析的网页，可以通过鼠标来定位元素。但在代码里，没有图形界面不能使用鼠标，而 lxml.html 神奇的地方就在于，它提供了一个叫作 XPah 的方法来帮助我们定位元素。

 笔记栏

XML 是 eXtensible Markup Language（可扩展标记语言）的缩写，它与 HTML 在结构上非常接近，因此我们可以用 XPath 来分析 XML 和 HTML。

3.2.2 XPath

XPath 是 XML Path Language 的缩写，它可以用来查找 HTML 元素及元素属性。XPath 利用自己特有类似路径的标记方法来定位 HTML 中嵌套的元素关系，如表 3-1 所示列出了 XPath 的基本表达式。

表 3-1

表 达 式	功　　能
/	选择元素，但必须从 HTML 的根目录中选择。如/html/body/div 会选择 HTML 元素下面的 body 元素，body 元素下面的所有 div 元素
//	选择所有元素，不管元素在 HTML 中的位置。如//div 会选择 HTML 中所有的 div 元素
.	选择当前元素。如./li，会在选择当前元素下面的所有 li 元素
@	选择 HTML 元素的属性。如//li[@class]会选择所有带有 class 属性的 li 元素。//li[@class="fruit"]会选择所有 class="fruit"的 li 元素。//div[@attr1="a"][@attr2="b"]选择带有 attr1="a"和 attr2="b"属性的元素
//element[n]	选择所有 element 元素的第 n 个元素
//*[@attr="abc"]	选择所有带 attr="a"属性的任何元素

下面就是一个 XPath 表达式，用来定位 HTML 中的 li 元素：

```
//*[@id="screening"]/div[2]/ul/li[7]/ul/li[1]
```

可以看出，不同的元素之间使用“/”号分隔，有点像操作系统中的路径一样，一层一层从最外层的元素，定位到目标元素。对于 XPath 表达式，最好的学习途径就是通过实例来进行。先来看下面一段网页的 HTML 代码。

代码 3-4

```
1.  <!DOCTYPE html>
2.  <html>
3.    <head>
4.      <title>XPath 示例</title>
5.    </head>
6.    <body>
7.    <div class="fruit">
8.      水果列表:
9.      <ul>
10.       <li id="apple">苹果</li>
11.       <li>香蕉</li>
12.       <li class="special">西瓜</li>
13.     </ul>
```

```
14.    </div>
15.
16.    <div class="vehicle">
17.      交通工具列表:
18.      <ul>
19.        <li>汽车</li>
20.        <li>火车</li>
21.        <li class="special">飞车</li>
22.      </ul>
23.    </div>
24.  </body>
25. </html>
```

上面这个示例 HTML 代码的\<body\>元素里有 2 个\<div\>元素，每个\<div\>元素里面有 1 个 \<ul\>列表，每个\<ul\>列表里有 3 个\<li\>元素。我们专门为有些元素设置了一些属性。

3.2.3 XPath 使用实例

当我们获取了代码 3-1 中的 HTML 代码文本时，就可以利用 XPath 来进行元素的选择了。

实例一：选择所有的\<div\>元素

```
//div
```

上面的 XPath 会选择 HTML 中的 2 个\<div\>元素。

实例二：选择"水果列表"的\<div\>元素

```
//div[@class="fruit"]
```

这个 XPath 会选中带有 class="fruit"属性的"水果列表"的\<div\>，根据代码 3-1 会返回一个 \<div\>元素。

实例三：选择所有的\<li\>元素

```
//li
```

这个 XPath 会选择所有的\<li\>元素，因为"//"并不会考虑元素的位置，所以返回 6 个\<li\> 元素。

实例四：先选择"水果列表"\<div\>再选择下面的\<li\>

```
//div[@class="fruit"]
.//li
```

第一个 XPath 会选择"水果列表"的\<div\>元素，第二个 XPath 在"//"前面使用了".", 表示以第一个 XPath 选出来的\<div\>元素为基准，选择这个\<div\>元素下面所有的\<li\>元素。这里 的结果应该是 3 个\<li\>元素。

如果第二个 XPath 之前没有使用".",那么这个 XPath 就会无视元素的位置，选择所有的 \<li\>元素，效果跟实例三中的 XPath 一样，会选出页面中所有的 6 个\<li\>元素。

实例五：选择"苹果"元素

```
//li[@id="apple"]
```

这个 XPath 使用了"苹果"列表的"id"属性来选择这个元素，前面我们讲 HTML 属性时提到过，id 属性是唯一的，所以这个 XPath 会选出这个网页上唯一的 id 为"apple"的\<li>元素。

实例六：选择"交通工具列表"下面带有 class="special"属性的交通工具

```
//div[@class="vehicle"]/li[@class="special"]
```

这个 XPath 使用了"/"符号，表示后面的\<li>元素是在前面的\<div>元素下面，即\<li>是\<div>的子元素。

实例七：选择第一个\<div>元素

```
//div[1]
```

这里使用了[1]类似 Python 列表的访问方法。注意，Python 列表的第一个元素序号是从 0 开始的，而 XPath 的第二个元素是从 1 开始的。

实例八：选择所有带 class="special"的元素

```
//*[@class="special"]
```

这个 XPath 将会选择两个带 class="special"的\<li>元素。

实例九：不使用"//"的选择方式

```
/html/body/div/ul/li
```

因为"//"语法无视元素所在的位置，如果不使用这个语法，单纯使用"/"来选择元素的话，就需要使用完整的路径。这种 XPath 将会选择所有的 6 个\<li>元素。

3.2.4　XPath 演示

接下来，我们使用 lxml.html 库来演示 3.2.3 节中的 XPath 使用实例。lxml.html 库中有一个 fromstring()方法，可以把 HTML 代码文本转换成一种特殊的 Python 对象。有了这个对象之后，就可以对它使用 xpath()方法。把使用 XPath 语法编写的字符串作为该方法的参数传递给它，xpath()就可以进行元素选择了。

代码 3-5

```
1.  import lxml.html
2.
3.  with open('xpath.html', 'r', encoding='utf-8') as f:
4.      # 通过 lxml.html.fromstring()方法
5.      # 将保存在 xpath.html 中的 HTML 代码转换成 HTML 对象
6.      html = lxml.html.fromstring(f.read())
7.
8.  print('HTML 对象: {}'.format(html))
9.
10. print('\n 实例一: 选择所有的<div>元素(2 个):')
11. all_div = html.xpath('//div')
12. print(all_div)
13.
14. print('\n 实例二: 选择"水果列表"的<div>元素(1 个):')
15. fruit_div = html.xpath('//div[@class="fruit"]')
```

```
16. print(fruit_div)
17.
18. print('\n 实例三: 选择所有的<li>元素(6 个): ')
19. all_li = html.xpath('//li')
20. print(all_li)
21.
22. print('\n 实例四: 先选择"水果列表"<div>再选择下面的<li>')
23. # 由于 xpath() 方法会返回一个列表，而且这个列表只有一个元素，
24. # 所以使用序号 0 来选择列表中的元素
25. fruit_div = html.xpath('//div[@class="fruit"]')[0]
26.
27. # XPath 使用"."表示从当前<div>开始选择
28. fruit_li = fruit_div.xpath('.//li')
29.
30. # XPath 不使用"."
31. wrong_fruit_li = fruit_div.xpath('//li')
32.
33. print('使用了"."的选择结果(3 个):')
34. print(fruit_li)
35. print('未使用"."的选择结果(6 个):')
36. print(wrong_fruit_li)
37.
38. print('\n 实例五: 选择"苹果"元素(1 个):')
39. apple_li = html.xpath('//li[@id="apple"]')
40. print(apple_li)
41.
42. print('\n 实例六: 选择"交通工具列表"下面带有 class="special"属性的交通工具(1 个):')
43. # 这种方式就需要提供完整的嵌套路径，如/div/ul/li 的上一级
44. vehicle_special_li = html.xpath('//div[@class="vehicle"]/ul/li[@class="special"]')
45. print(vehicle_special_li)
46.
47. print('\n 实例七: 选择第一个<div>元素(1 个):')
48. first_div = html.xpath('//div[1]')
49. print(first_div)
50.
51. print('\n 实例八: 选择所有带有 class="special"的元素(2 个):')
52. special_li = html.xpath('//*[@class="special"]')
53. print(special_li)
54.
55. print('\n 实例九: 不使用"//"的选择方式(6 个):')
56. full_path = html.xpath('/html/body/div/ul/li')
57. print(full_path)
```

读者可以运行代码 3-5 来验证并体会上面的 XPath 使用实例。

3.3 关于 robots.txt

在我们开始抓取网页数据之前，还需要单独了解 robots.txt 这个文件。一般情况下，在大多

数网站的域名下面都有这个文件，如 https://movie.douban.com/robots.txt。这个文件里通常包含的就是爬虫协议，也叫网络机器人排除协议（Robots Exclusion Protocol）。

 笔记栏

Web Robot 也称为网络机器人，通常是搜索引擎用来索引互联网内容的程序。一般我们所说的爬虫就属于网络机器人的一种。

网站的所有者通过这个协议来表明自己网站上的哪些内容可以抓取，哪些内容禁止抓取。

当然这并不能从技术上来限制别人对网站数据的抓取。但我们在抓取别人网站的内容时，为了避免给自己或别人造成不必要的麻烦，还是需要遵守这个协议的。

下面是一个普通 robots.txt 的内容。

```
1.  User-Agent: Sogouspider
2.  Allow:  /article
3.  Allow:  /oshtml
4.  Allow:  /product
5.  Allow:  /ershou
6.  Disallow:  /
7.
8.  User-Agent:  Googlebot
9.  Allow:  /article
10. Allow:  /oshtml
11. Allow:  /product
12. Allow:  /spu
13. Allow:  /dianpu
14. Allow:  /oversea
15. Allow:  /list
16. Allow:  /ershou
17. Allow: /$
18. Disallow:  /
19.
20. User-Agent:  *
21. Disallow:  /
```

这个文本里通常有 User-Agent、Allow 和 Disallow 几个关键字。User-Agent 就是第 3 章中 HTTP 头部的 User-Agent。Allow 和 Disallow 的后面通常指定特定的 URL 路径前缀，表示允许或禁止访问的页面。

比如：

```
1.  User-Agent: Sogouspider
2.  Allow:  /article
3.  Allow:  /oshtml
4.  Allow:  /product
5.  Allow:  /ershou
6.  Disallow:  /
```

指定 User-Agent 为 Sogouspider 的 robot 只能访问/article、/oshtml、/product 和/ershou 这几

个为前缀的页面，而不允许访问除这几个页面之外在页面。

再比如：

```
1. User-Agent: *
2. Disallow: /
```

它表示这个域名下的所有网页都是禁止任何 robot 的，也就是不允许数据抓取。User-Agent 中的*符号，表示任何的 robot。

一般我们在进行数据抓取前，如抓取 http://www.example.com 时，会看一下该域名下面是否有 robots.txt。通过浏览器打开 http://www.example.com/robots.txt 来检查协议的内容，确定要抓取的数据是否为协议所允许的。

除这个协议之外，对于那些我们可以抓取的内容，也不能无限制地抓取。为了避免给对方的网站服务器造成过大的压力，在数据抓取时需要限制程序的抓取频率，这通常在 Python 中使用 time.sleep()方法来实现。

3.4　小试牛刀

前面铺垫了这么多，现在终于进入正题了。我们先抓取一个简单的数据作为入门吧。在豆瓣电影（movie.douban.com）上有一个"一周口碑榜"电影排行（见图 3-1），现在我们需要把排在第一名的电影标题抓取下来。

3.4.1　过程分析

首先打开谷歌浏览器，进入豆瓣电影的网页。调出谷歌开发者工具，直接使用元素查看定位到排名第一的电影标题，如图 3-2 所示。

一周口碑榜　更多榜单»
1 千与千寻
2 玩具总动员4
3 小委托人
4 蜘蛛侠：英雄远征
5 印第安·豪斯
6 陪审员
7 爱宠大机密2

图 3-1

图 3-2

在右边的 HTML 元素上单击鼠标右键，选择 Copy→Copy Xpath，如图 3-3 所示。

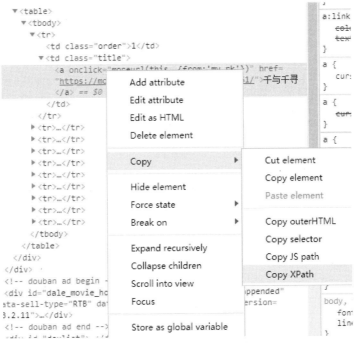

图 3-3

通过上面的操作可以获取类似下面的 XPath：

`//*[@id="billboard"]/div[2]/table/tbody/tr[1]/td[2]/a`

其实，我们认为谷歌开发者工具可以获取元素的 XPath 是其非常强大的地方。这也是为什么选择使用 lxml.html 库的原因，像获取这种单一的数据后，就可以直接在代码中使用了。

但是，有一点需要特别的注意，因为谷歌开发者工具过于强大，以至于在分析网页时会将不规范网页进行一些规范化。这是什么意思呢？我们先在网页上单击鼠标右键，选择"查看网页源代码"命令，如图 3-4 所示。

图 3-4

浏览器会重新打开一个窗口，这个窗口就是当前网页真实的 HTML 代码，如图 3-5 所示。

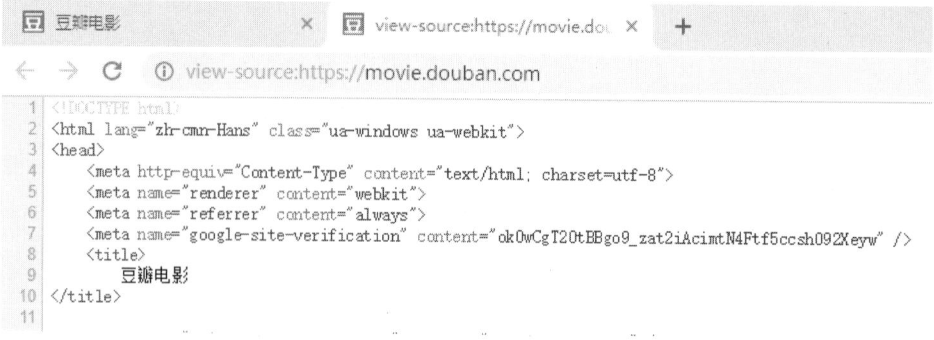

图 3-5

我们在这个页面上直接通过 Ctrl+F 快捷键来查看"一周口碑榜"。

```
<div id="billboard" class="s" data-dstat-areaid="75" data-dstat-mode="click,expose">
    <div class="billboard-hd">
        <h2>一周口碑榜<span><a href="/chart">更多榜单&raquo;</a></span></h2>
    </div>
    <div class="billboard-bd">
        <table>
            <tr>
                <td class="order">1</td>
                <td class="title"><a onclick="moreurl(this, {from:'mv_rk'})"
ef="https://movie.douban.com/subject/1291561/">千与千寻</a></td>
            </tr>
            <tr>
```

然后将这里的 HTML 代码与元素查看面板里的代码进行对比，如图 3-6 所示。 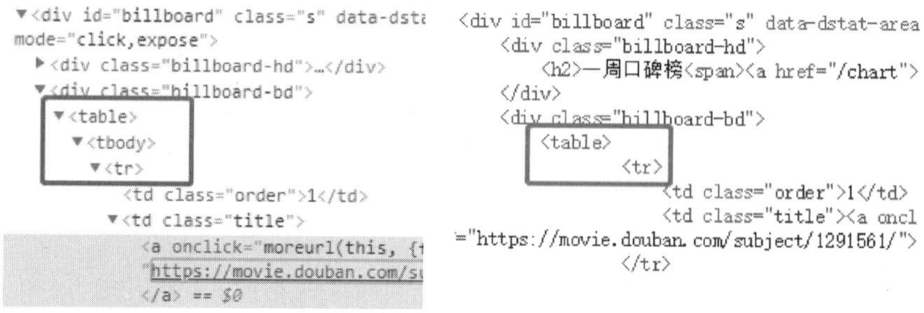

图 3-6

左边是元素查看面板里的 HTML 代码，右边是网页上实际的 HTML 代码。谷歌开发者工具复制的 Xpath 使用的是规范化后的 HTML 代码。然而在使用 Python 代码来进行网页抓取时，往往获取的是原始的 HTML（有可能就是不规范的 HTML）。在这种情况下，如果继续通过谷歌开发者工具的 Xpath 来搜索 HTML，通常会找不到指定的元素。

这经常出现在 Xpath 里有<table>标签的情况，谷歌开发者工具在规范化<table>标签时会加上<tbody>标签。因此对于前面的 Xpath：

```
//*[@id="billboard"]/div[2]/table/tbody/tr[1]/td[2]/a
```

需要要修改为：

```
//*[@id="billboard"]/div[2]/table/tr[1]/td[2]/a
```

现在我们看看相关代码。

3.4.2 动手敲代码

代码 3-6

```
1.  import requests
2.  import lxml.html
3.
4.  # 获取豆瓣电影首页
5.  http_response = requests.get('https://movie.douban.com')
6.  # 设置中文编码
7.  http_response.encoding = 'utf-8'
8.
9.  html = lxml.html.fromstring(http_response.text)
10. # 通过 XPath 来获取排名第一的电影
11. title = html.xpath('//*[@id="billboard"]/div[2]/table/tr[1]/td[2]/a')
12. print(title)
13. print(title[0].text_content())
```

在代码 3-6 中，先是导入需要的两个库：requests 和 lxml.html，然后使用 requests 来获取豆瓣电影首页的 HTML，并设置中文编码，以防止在出现中文乱码：

```
1.  import requests
2.  import lxml.html
3.
4.  # 获取豆瓣电影首页
5.  http_response = requests.get('https://movie.douban.com')
6.  # 设置中文编码
7.  http_response.encoding = 'utf-8'
```

在获取 HTML 文本后，利用 lxml.html.fromstring()方法把 HTML 文本转换成可以使用 XPath 分析的对象，并保存在变量 html 中：

```
9.  html = lxml.html.fromstring(http_response.text)
```

调用 html.xpath()方法，把前面从谷歌浏览器里获取的 XPath 作为 xpath()参数传递进来，这样就可以获取到电影标题的元素了：

```
11. title = html.xpath('//*[@id="billboard"]/div[2]/table/tr[1]/td[2]/a')
12. print(title)
13. print(title[0].text_content())
```

我们直接在 Jupyter 里运行上面的代码，会得到以下输出：

```
[<Element a at 0x2100a8189f8>]
千与千寻
```

这正好是当前排名第一的电影。

 知识库

在代码 3-6 的最后，我们使用了 title[0].text_content()方法来获取电影的标题。这里要说明一下，lxml.html 的 xpath()方法返回的结果始终是一个数组，即使没有找到元素（空数组）。我们

使用 Python 的获取数组元素的方法，取得 lxml.html 的元素，然后再使用 text_content()方法就可以获取电影名称所在元素（<a>元素）之间的文本。

3.4.3 小结

上面这个比较简单的抓取实例将会是后续复杂网页抓取的基础，实例中我们将前面用到的几个技术结合起来，共同完成抓取的任务。下面总结一下网页抓取的简单步骤。

第一步：获取 HTML 文本。

这一步通常是利用 requests 库来进行的，使用它的 GET 或 POST 等方法来发送 HTTP 请求。有时会设置请求的头部，或者设置一些中文的编码，以防止乱码出现。

第二步：转换 HTML 对象。

在获取到 HTML 文本后，会使用 lxml.html.fromstring()方法把 HTML 代码转换成可以使用 XPath 来处理的对象。

第三步：使用谷歌开发者工具获取元素的 XPath。

这一步其实也可以提前进行，利用工具帮助我们方便地查找元素的 XPath。但要注意，开发者工具在规范化网页时，会给我们造成一些小麻烦，需要自己处理。

第四步：使用 lxml.html 的 xpath()方法获取元素。

利用第三步查找目标元素的 XPath。我们可以使用 lxml.html 的 xpath()方法来获取目标元素。最后使用 text._content()方法来提取需要的文本（数据）。

3.4.4 扩展

上面实例获取的是排名第一的电影标题，如果要获取榜单上全部的电影标题该怎么做呢？我们先使用工具查看包含所有电影标题的元素，如图 3-7 所示。

图 3-7

通过观察，我们会发现所有的电影标题都包含在<tr>元素里。而每一个<tr>元素都包含 2 个<td>元素，在第 2 个<td>元素里，有 1 个<a>标签，它才是最终电影标题所在的地方。接下来回顾一下代码 3-6 中获取的 XPath。

```
//*[@id="billboard"]/div[2]/table/tr[1]/td[2]/a
```

它获取的是第 1 个<tr>元素中的第 2 个<td>下面的<a>元素，现在应该比较明显了，如果要获取所有的电影标题，就应该是所有<tr>元素中第 2 个<td>下面的<a>元素，所以 XPath 应该是：

```
//*[@id="billboard"]/div[2]/table/tr/td[2]/a
```

接下来就可以更新代码 3-6 了。

代码 3-7

```
1.  import requests
2.  import lxml.html
3.
4.  # 获取豆瓣电影首页
5.  http_response = requests.get('https://movie.douban.com')
6.  # 设置中文编码
7.  http_response.encoding = 'utf-8'
8.
9.  html = lxml.html.fromstring(http_response.text)
10. # 通过 XPath 来获取所有电影标题
11. titles = html.XPath('//*[@id="billboard"]/div[2]/table/tr/td[2]/a')
12. for title in titles:
13. print(title.text_content())
```

3.5 获取电影数据（上）

本节我们将获取一些网页上比较常见的数据结构，如列表数据。在豆瓣电影的 Top 250 中就有类似的列表数据（https://movie.douban.com/top250），如图 3-8 所示。

豆瓣电影 Top 250

☐ 我没看过的

1   肖申克的救赎 / The Shawshank Redemption / 月黑高飞(港) / 刺激1995(台) [可播放]
导演: 弗兰克·德拉邦特 Frank Darabont 主演: 蒂姆·罗宾斯 Tim Robbins /...
1994 / 美国 / 犯罪 剧情
★★★★★ 9.6 1475743人评价
❝ 希望让人自由。❞

2   霸王别姬 / 再见，我的妾 / Farewell My Concubine [可播放]
导演: 陈凯歌 Kaige Chen 主演: 张国荣 Leslie Cheung / 张丰毅 Fengyi Zha...
1993 / 中国 / 剧情 爱情 同性
★★★★★ 9.6 1093857人评价
❝ 风华绝代。❞

3 这个杀手不太冷 / Léon / 杀手莱昂 / 终极追杀令(台) [可播放]
导演: 吕克·贝松 Luc Besson 主演: 让·雷诺 Jean Reno / 娜塔莉·波特曼...
1994 / 法国 / 剧情 动作 犯罪
★★★★☆ 9.4 1342339人评价
❝ 怪蜀黍和小萝莉不得不说的故事。❞

图 3-8

在开始抓取前，应检查 movie.douban.com 下的 robots.txt 文件，https://movie.douban.com/robots.txt。

```
User-agent: *
Disallow: /subject_search
Disallow: /amazon_search
Disallow: /search
Disallow: /group/search
Disallow: /event/search
Disallow: /celebrities/search
Disallow: /location/drama/search
Disallow: /forum/
Disallow: /new_subject
Disallow: /service/iframe
Disallow: /j/
Disallow: /link2/
Disallow: /recommend/
Disallow: /doubanapp/card
Disallow: /update/topic/
Sitemap: https://www.douban.com/sitemap_index.xml
Sitemap: https://www.douban.com/sitemap_updated_index.xml
# Craw1-delay: 5

User-agent: Wandoujia Spider
Disallow: /
```

从 robots.txt 文件中可知，豆瓣电影并没有禁止抓取/Top 250 页面，所以我们就可以进行数据抓取了。

 笔记栏

我们还注意到豆瓣电影的 robots.txt 里有一个 Crawl-delay:5 的语句，它的意思是规定抓取频率为 5s/次。因此为了遵守网站的协议，在连续抓取数据时需要设置 5s 的等待时间。

3.5.1　过程分析

我们计划抓取 Top 250 页面上电影的标题及电影的评分，并且将这两个数据进行格式化输出，如图 3-9 所示。

图 3-9

首先在豆瓣电影的 Top 250 页面上打开谷歌开发者工具，通过元素定位工具找到其中一部电影，选中该电影时，电影对应的 HTML 元素在右边会被高亮显示。我们将右边的 HTML 进行一些折叠，就可以了解位于<li>元素里的整个电影信息，如图 3-10 所示。

图 3-10

图 3-10 中的右边有很多<li>元素，每个列表都对应一部电影，可以把鼠标指针移动到任意的<li>元素上，左边对应的电影也会被高亮显示。

在图 3-10 中，我们定位到了第 1 部电影《肖申克的救赎》的<li>元素，可直接通过单击鼠标右键来获取这个元素的 XPath。我们获取的这个<li>元素：

//*[@id="content"]/div/div[1]/ol/li[1]

在获取的 XPath 路径最后面有一个[1]，这表示选择的是第一个<li>元素。但我们的目的是获取所有的电影，因此只要去掉[1]即可：

//*[@id="content"]/div/div[1]/ol/li

新得到的 XPath 路径就可以帮助我们获取当前网页上所有电影的<li>元素。

使用 lxml.html 的 xpath()方法将返回的一个列表，列表里的元素是每个电影数据所在的<li>标签，所以我们会使用 Python 的 for 循环语句来依次获取电影列表里的所有<li>元素。

这里我们也可以使用第 3.4.4 节所述的方法完成任务，但该方法最终会导致我们获取两个列表，一个是所有电影的标题列表，另一个是所有电影评分的列表。

1.　list1 = ['电影 1 标题','电影 2 标题','电影 3 标题', ...]
2.　list2 = ['电影 1 评分','电影 2 评分','电影 3 评分', ...]

对于第 1 个电影，我们可以使用 list1[0]和 list2[0]来获取其数据，其他电影以此类推。这种方式有几个缺点：电影的数据是分离的，要获取单个电影的数据，需要在两个列表里抽取数据；只能根据列表的下标来对应同一个电影数据。如果出现电影数据丢失现象，则很难把电影的数据进行关联，比如：

1.　list1 = ['电影 1 标题','电影 2 标题','电影 3 标题', ...]
2.　list2 = ['电影 1 评分','电影 2 评分','电影 4 评分', ...]

如果第 3 个电影丢失了评分，再通过列表下标的方式获取电影的数据就会导致错误的结果。

所以我们换一种方法，先使用谷歌开发者工具，观察<li>元素下面的 HTML 结构，就会发现电影标题是在一个<span>元素中，而这个元素并不是直接在<li>下面的，两个元素之间还嵌套了多个元素。如果把电影标题所在的<li>里面的所有 HTML 元素完全展开的话，还会发现第 1 个标题所在<span>元素是在<li>下面的所有<span>元素里的第 1 个，如图 3-11 所示。

```
▼<li>
  ▼<div class="item">
    ▼<div class="pic">
       <em class>1</em>
      ▼<a href="https://movie.douban.com/subject/1292052/">
         <img width="100" alt="肖申克的救赎" src="https://img3.doubanio.com/view/photo/s_ratio_poster/public/p480747492.webp" class>
       </a>
     </div>
    ▼<div class="info">
      ▼<div class="hd">
        ▼<a href="https://movie.douban.com/subject/1292052/" class>
           <span class="title">肖申克的救赎</span> == $0
           <span class="title"> / The Shawshank Redemption</span>
           <span class="other"> / 月黑高飞(港)  /  刺激1995(台)</span>
         </a>
         <span class="playable">[可播放]</span>
       </div>
      ▶<div class="bd">…</div>
     </div>
   </div>
 </li>
▶<li>…</li>
```

图 3-11

所以我们使用 XPath 的语法//span[1]来获取第 1 个标题所在的<span>元素。在代码中使用的是'.//span[1]'，表示要从当前的<li>元素下面查找所有的<span>元素。

在找到电影标题所在的<span>元素后，使用 text_content()方法来获取<span>元素里的文本，也就是我们要找的电影标题。

接下来获取对应电影的评分，继续使用谷歌浏览器工具定位到评分的元素，如图 3-12 所示。

```
▼<li>
  ▼<div class="item">
    ▶<div class="pic">…</div>
    ▼<div class="info">
      ▶<div class="hd">…</div>
      ▼<div class="bd">
        ▶<p class>…</p>
        ▼<div class="star">
           <span class="rating5-t"></span>
           <span class="rating_num" property="v:average">9.6</span>
           <span property="v:best" content="10.0"></span>
           <span>1384836人评价</span>
         </div>
        ▶<p class="quote">…</p>
       </div>
     </div>
   </div>
 </li>
▶<li>…</li>
```

图 3-12

电影评分也在<span>元素里，可以使用获取电影标题的方法来获取该元素。但在图 3-12 中，我们发现评分的<span>元素有两个属性：class="rating_num"和 property="v:average"。通过这两个属性可以使用 XPath 的[@]语法，利用属性来定位元素。

 笔记栏

在使用 XPath 对元素进行定位时，我们没有必要限制于某种方法，只要使用的 XPath 表达式能够唯一地定位所需的元素即可。在定位的过程中，我们可以输出一些信息来协助调试 XPath 的元素定位。

3.5.2　动手敲代码

代码 3-8

```
1.   import requests
2.   import lxml.html
3.
4.   # 获取豆瓣电影 Top 250 的网页，
5.   # 并转换了可使用 XPath 分析的对象
6.   http_response = requests.get('https://movie.douban.com/top250')
7.   http_response.encoding = 'utf-8'
8.   html = lxml.html.fromstring(http_response.text)
9.
10.  # 获取所有电影列表的<li>元素
11.  movies = html.xpath('//*[@id="content"]/div/div[1]/ol/li')
12.
13.  for movie in movies:
14.      # 获取第一个电影标题所在的元素
15.      first_title_element = movie.xpath('.//span[1]')
16.      # 获取电影标题
17.      title = first_title_element[0].text_content()
18.      # 获取电影评分所在的元素
19.      rating_element = movie.xpath('.//span[@class="rating_num"][@property="v:average"]')
20.      # 获取评分
21.      rating = rating_element[0].text_content()
22.      # 格式化输出电影标题及评分
23.      print('<<{}>> - {}'.format(title, rating))
```

在代码 3-8 中，与前面的实例一样，使用 requests 将目标网页下载。对于具体的字符集，可以使用谷歌开发者工具在页面的<head>元素查看网页的字符集，在代码里设置对应的编码，如图 3-13 所示。

```
<!doctype html>
<html lang="zh-cmn-Hans" class="ua-windows ua-webkit">
▼<head>
    <meta http-equiv="Content-Type" content="text/html; charset=utf-8">
    <meta name="renderer" content="webkit">
    <meta name="referrer" content="always">
    <meta name="google-site-verification" content=
    "ok0wCgT20tBBgo9_zat2iAcimtN4Ftf5ccsh092Xeyw">
    <title>
    豆瓣电影 Top 250
    </title>
```

图 3-13

在经过 lxml.html.fromstring()方法将 HTML 代码转换后，可使用 xpath()方法获取所有的电影元素，并存放在 movies 列表里。通过 for 循环语句来读取每个电影的数据，每一次循环都获取一个电影所在的元素<li>，并保存在 movie 变量里。根据上面的分析，我们继续对 movie 这个变量使用 xpath('.//span[1]')方法，即可获取当前电影的标题。

```
14.     # 获取第一个电影标题所在的元素
15.     first_title_element = movie.xpath('.//span[1]')
16.     # 获取电影标题
17.     title = first_title_element[0].text_content()
```

使用同样的方法，继续获取电影的评分：

```
18.     # 获取电影评分所在的元素
19.     rating_element = movie.xpath('.//span[@class="rating_num"][@property="v:average"]')
20.     # 获取评分
21.     rating = rating_element[0].text_content()
```

最后将获取的电影标题和评分进行格式化输出：

```
22.     # 格式化输出电影标题及评分
23.     print('<<{}>> - {}'.format(title, rating))
```

可以在 Jupyter 中执行代码，得到的结果如图 3-14 所示。

```
<<肖申克的救赎>> - 9.6
<<霸王别姬>> - 9.6
<<这个杀手不太冷>> - 9.4
<<阿甘正传>> - 9.4
<<美丽人生>> - 9.5
<<泰坦尼克号>> - 9.4
<<千与千寻>> - 9.3
<<辛德勒的名单>> - 9.5
<<盗梦空间>> - 9.3
<<忠犬八公的故事>> - 9.3
<<机器人总动员>> - 9.3
<<三傻大闹宝莱坞>> - 9.2
<<放牛班的春天>> - 9.3
<<海上钢琴师>> - 9.2
<<楚门的世界>> - 9.2
<<大话西游之大圣娶亲>> - 9.2
<<星际穿越>> - 9.2
<<龙猫>> - 9.2
<<教父>> - 9.3
<<熔炉>> - 9.3
<<无间道>> - 9.2
<<疯狂动物城>> - 9.2
<<当幸福来敲门>> - 9.0
<<怦然心动>> - 9.0
<<触不可及>> - 9.2
```

图 3-14

3.5.3 小结

在本实例中，还是使用谷歌开发者工具获取元素的 XPath。但在获取电影数据时，我们采用了一个新的方法，先找出每个电影数据所在的 HTML 元素（<li>）。然后在每个电影数据的 HTML 元素基础上，继续使用 XPath 的语法，找到基于该元素的下一级元素。这些下一级元素包含了同一个电影的信息，通过 Python 的 for 循环语句把同一个电影的数据输出，或者保存。

3.6　获取电影数据（下）

在 https://movie.douban.com/top250 网页上的电影数据只有 25 条。这只是 Top 250 电影的一部分。在第 2 章的后面，我们已经分析了豆瓣电影网导航条的翻页逻辑，如图 3-15 所示。

<前页　1 2 3 4 5 6 7 8 9 10　后页>　（共250条）

图 3-15

推测出了如下的 URL 变化规则：

第 1 页 URL：https://movie.douban.com/top250?start=25&filter=

第 2 页 URL：https://movie.douban.com/top250?start=25&filter=

第 3 页 URL：https://movie.douban.com/top250?start=50&filter=

第 4 页 URL：https://movie.douban.com/top250?start=75&filter=

第 5 页 URL：https://movie.douban.com/top250?start=100&filter=

……

根据 URL 的变化规律，可以推导出简单的公式：$(p-1)\times25$，p 是页码。如果要自动抓取所有页面的电影数据，我们需要自动生成这些 URL，并将这些 URL 传递给 requests 的 get()方法，Python 就可以自动生成这些 URL。

代码 3-9

```
1.  url_tpl = 'https://movie.douban.com/top250?start={}&filter='
2.  for page in range(10):
3.      start = page * 25
4.      url = url_tpl.format(start)
5.      print(url)
```

代码 3-9 中的 rang(10)生成的刚好是 0～9 的整数，因此我们直接用它乘以 25 就能得到每一页 URL 里的 start 参数。把电影的 URL 定义在 url_tpl 变量里，并通过字符串的 format()方法来格式化 URL，最后可全部生成我们需要的电影数据的 URL：

```
https://movie.douban.com/top250?start=0&filter=
https://movie.douban.com/top250?start=25&filter=
https://movie.douban.com/top250?start=50&filter=
https://movie.douban.com/top250?start=75&filter=
https://movie.douban.com/top250?start=100&filter=
https://movie.douban.com/top250?start=125&filter=
https://movie.douban.com/top250?start=150&filter=
https://movie.douban.com/top250?start=175&filter=
https://movie.douban.com/top250?start=200&filter=
https://movie.douban.com/top250?start=225&filter=
```

3.6.1 过程分析

在 3.5 节中抓取电影数据时，我们只获取了电影的标题及评分，而且是在抓取的过程中对需要的数据进行定位并分析，也就是说数据是在线获取的。如果我们需要增加一些电影数据，如电影年代、标签等，就需要重新修改代码，再一次抓取数据。庆幸的是，我们抓取的数据不多，抓取过程的时间消耗也不会太大。但如果我们需要获取大量的数据，访问大量的网页，那么这种重复抓取的时间消耗是不可忽略的。

所以在接下来的实战中，我们会把电影的数据全部抓取下来，保存在一个文件里。如果后期需要再获取新的数据，或者需要重新分析时，就不需要再抓取豆瓣电影网页了。这样可避免时间或资源的浪费。

要保存所有的数据，我们可以修改代码 3-8 中的 for 循环：

```
1.  for movie in movies:
2.      # 强制转换为 Python 字符串
3.      movie_text = str(movie.text_content())
4.      # 去掉换行符，保证数据文本都输出在一行
5.      clean_movie_text = movie_text.replace("\n", "")
6.      print(clean_movie_text)
7.      print("----------------电影分隔----------------")
```

在 for 循环里，对每一个电影数据直接使用 text_content()就可获取电影所在元素<li>里的所有文本。由于 text_content()返回的并不是 Python 的字符串，所以应使用 str()方法把 text_content()返回的内容进行强制转换。在该代码第 5 行中，使用了字符串的 replace()方法把换行符全部替换，保证数据文本都在同一行，以方便将数据输出到文本文件里。代码输出如图 3-16 所示。

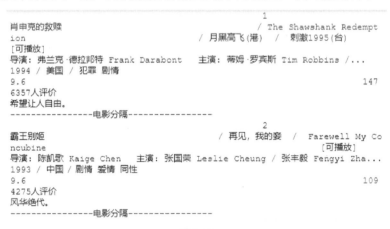

图 3-16

上面输出的文本属于比较原始的，它们将被保存在一个文件里。在第 4 章中将会继续对保存的原始文本进行分析。

3.6.2 动手敲代码

现在我们已经可以自动生成 URL 了，如何提取数据也确定了，那么下面可以进行一次正式

数据抓取了。

代码 3-10

```
1.    import time
2.    import codecs
3.    import requests
4.    import lxml.html
5.
6.    with codecs.open("movies.txt", "w", "utf-8") as f:
7.
8.        url_tpl = "https://movie.douban.com/top250?start={}&filter="
9.
10.       for page in range(10):
11.           # 打印一些信息显示抓取进度
12.           print("获取第{}页".format(page+1))
13.           start = page * 25
14.           url = url_tpl.format(start)
15.
16.           # 替换抓取的网址为生成的 URL
17.           http_response = requests.get(url)
18.           http_response.encoding = "utf-8"
19.           html = lxml.html.fromstring(http_response.text)
20.           movies = html.xpath('//*[@id="content"]/div/div[1]/ol/li')
21.
22.           for movie in movies:
23.               # 强制转换为 Python 字符串
24.               movie_text = str(movie.text_content())
25.               # 去掉换行符，保证数据文本都输出在一行
26.               clean_movie_text = movie_text.replace("\n", "")
27.               # 直接将文本打印到打开的文件里
28.               print(clean_movie_text, file=f)
29.
30.           # 根据豆瓣电影的 robots.txt，暂停 5s
31.           time.sleep(5)
```

代码 3-10 是结合了几个部分的代码，主要包含 3 个结构：首先是打开了一个名为 movies.txt 的文件，该文件会保存在和 ipynb 文件相同的目录；接着是一个 for 循环来生成电影页面的 URL；最后也是一个 for 循环，用来访问每个页面所有的电影列表。

第 6 行代码，我们使用 with codecs.open()方法用 utf-8 编码打开了 movies.txt 文件用于存放电影数据文本。使用 utf-8 编码是为了兼容在网页上获取文本时遇到不常用的编码，可避免在写入文件时发生乱码错误。

```
6.    with codecs.open("movies.txt", "w", "utf-8") as f:
```

第 10～14 行代码使用的是代码 3-9 中的逻辑，在循环开始时打印一些信息，以方便查看进度。for 循环在生成 URL 之后，把 URL 传递给 requests.get()。

```
10.       for page in range(10):
```

```
11.        # 打印一些信息显示抓取进度
12.        print("获取第{}页".format(page+1))
13.        start = page * 25
14.        url = url_tpl.format(start)
```

requests.get()获取自动算出的 URL 对应网页的 HTML 代码文本，然后转换成可用 xpath()分析的对象，将每一页的电影都保存在 movies 列表里，movies 列表在每一次 for 循环都会被替换更新。

```
16.        # 替换抓取的网址为生成的 URL
17.        http_response = requests.get(url)
18.        http_response.encoding = "utf-8"
19.        html = lxml.html.fromstring(http_response.text)
20.        movies = html.xpath('//*[@id="content"]/div/div[1]/ol/li')
```

最里面的一层 for 循环把当面网页的所有电影数据，通过前面分析的方式提取出来。

```
22.        for movie in movies:
23.            # 强制转换为 Python 字符串
24.            movie_text = str(movie.text_content())
25.            # 去掉换行符，保证数据文本都输出在一行
26.            clean_movie_text = movie_text.replace("\n", "")
27.            # 直接将文本打印到打开的文件里
28.            print(clean_movie_text, file=f)
```

第 28 行代码通过 print()语句的 file 参数把打印的目标设置为打开的文件，将每个电影数据文本写入 movies.txt 文件。

通过任意文本编辑器打开 movies.txt 文件就可以查看抓取下来的电影数据，如图 3-17 所示。文本文件的长度应该是 250 行。

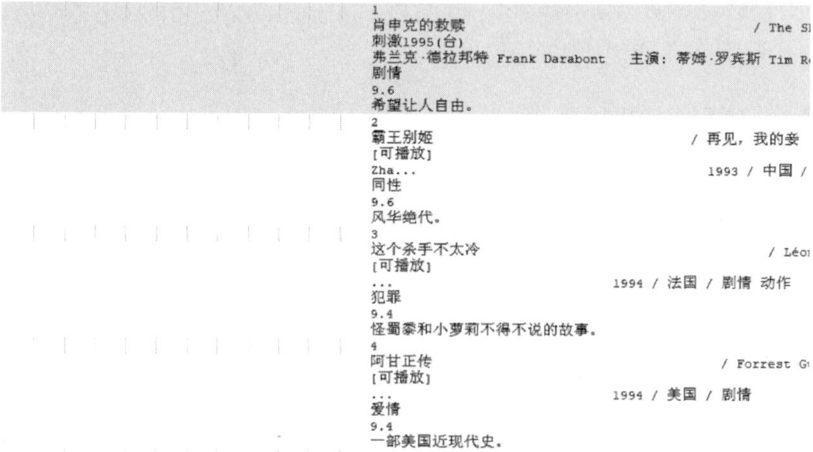

图 3-17

3.6.3　考虑加强代码的健壮性

在使用 requests 获取 URL 对应的资源里，有时网站服务器可能会响应一些不正确的数据。

这可能导致代码中的变量 http_response 没有获取正确的 HTML，最终导致后面的代码执行出错。有两种常见的方式可以增加 requests 获取 URL 资源里的健壮性。

（1）利用 status_code

前面介绍过 requests 的 HTTP 响应可以使用 status_code 来获取 HTTP 的响应码。正常情况下，发出一个 HTTP 请求，网站服务器的响应码为 200 时，可以判断这次请求是成功的，如果是非 200 的响应码，则请求有可能失败。这种情况我们就需要来处理一下，或者在代码里打印一些信息，提示发生了异常的情况。利用 Python 的 if…else…语句可以帮助我们，现在把代码3-10 改进一下。

```python
16.     # 替换抓取的网址为生成的URL
17.     http_response = requests.get(url)
18.     http_response.encoding = "utf-8"
19.     if http_response.status_code == 200:
20.         html = lxml.html.fromstring(http_response.text)
21.         movies = html.xpath('//*[@id="content"]/div/div[1]/ol/li')
22.
23.         for movie in movies:
24.             # 强制转换为 Python 字符串
25.             movie_text = str(movie.text_content())
26.             # 去掉换行符，保证数据文本都输出在一行
27.             clean_movie_text = movie_text.replace("\n", "")
28.             # 直接将文本打印到打开的文件里
29.             print(clean_movie_text, file=f)
30.     else:
31.         print('抓取{}失败'.format(url))
```

完整的代码可以参考第 3 章的 Jupyter Notebook 文件。我们在代码的第 19 行增加一个判断语句，如果 HTTP 响应的 status_code 是 200，就执行正常的抓取操作，如果 status_code 不是200，就提示当前的 URL 抓取失败了。也可以根据自己的需要更改第 31 行的代码，以打印更多的信息，或者添加自己的代码来进行处理。

（2）捕获异常

上面使用 status_code 来处理错误的方式比较有局限性，它的前提是网站服务器要响应HTTP 请求。有时抓取 URL 时，网站根本没有响应，或者说是一个错误的 URL。这时，为了保证代码的健壮性，可以利用 Python 的异常捕获机制来完成。

```python
16.     try:
17.         # 替换抓取的网址为生成的URL
18.         http_response = requests.get(url)
19.         http_response.encoding = "utf-8"
20.         html = lxml.html.fromstring(http_response.text)
21.         movies = html.xpath('//*[@id="content"]/div/div[1]/ol/li')
22.
23.         for movie in movies:
24.             # 强制转换为 python 字符串
25.             movie_text = str(movie.text_content())
26.             # 去掉换行符，保证数据文本都输出在一行
```

```
27.                clean_movie_text = movie_text.replace("\n", "")
28.                # 直接将文本打印到打开的文件里
29.                print(clean_movie_text, file=f)
30.
31.                # 根据豆瓣电影的 robots.txt，暂停 5s
32.                time.sleep(5)
33.        except requests.exceptions.RequestException as err:
34.            print(err)
35.            print(print('抓取{}失败'.format(url)))
36.            # 继续抓取下一个 URL
37.            continue
```

上面的代码片段在代码 3-8 中包裹了一层 try…except…，在第 18 行代码中，如果 HTTP 请求出现了异常，第 33 行代码中就会捕获到异常，并执行第 34～37 行的代码。这部分其实就是出现异常的处理逻辑，最后的 continue 语句可以保存在抓取当前循环的 URL 出现异常时继续抓取下个循环的 URL。

3.6.4　小结

本章实例使用的是在抓取大量的多页数据时比较典型的方法：首先分析 URL 的翻页逻辑，通过代码来自动生成 URL；然后通过谷歌开发者工具分析需要抓取的数据；最后通过 lxml.html 库来利用 XPath 语法获取并保存需要的数据。

3.7　另类的网页抓取

前面抓取的网页都有一个特点，就是 URL 对应的网页是固定的，也就是通过浏览器打开指定 URL，网页在加载完成之后，内容是固定不变的。但有些网页有一些比较奇怪的行为，如豆瓣电影排行榜 https://movie.douban.com/chart 的分类排行榜的页面，如图 3-18 所示。

分类排行榜

剧情	喜剧	动作	爱情	科幻	动画
悬疑	惊悚	恐怖	纪录片	短片	情色
同性	音乐	歌舞	家庭	儿童	传记
历史	战争	犯罪	西部	奇幻	冒险
灾难	武侠	古装	运动	黑色电影

图 3-18

我们任选一个分类：喜剧，进入对应的页面，如图 3-19 所示。

在图 3-19 所示的页面中，如果向下滚动鼠标就会发现，滚动条快接近页面底部时，又有新的内容被加载。继续滚动，内容就会继续加载。

图 3-19

3.7.1 过程分析

上面的网页看起来与我们之前抓取的网页类似，也属于列表的数据。按照前面的方法先获取所有电影所在元素的 XPath：

//*[@id="content"]/div/div[1]/div[6]/div

然后使用下面的代码来获取电影元素。

代码 3-11

```
1.  import requests
2.  import lxml.html
3.
4.  http_response = requests.get('https://movie.douban.com/typerank?type_name=%E5%96%9C%E5%89%A7&type=
    24&interval_id=100:90&action=')
5.  http_response.encoding = 'utf-8'
6.  html = lxml.html.fromstring(http_response.text)
7.  movies = html.xpath('//*[@id="content"]/div/div[1]/div[6]/div')
8.  print(movies)
```

但是，当在 Jupyter 里运行时，会发现上面的代码返回一个空的列表，并没有找到任何元素。一般这种情况会怀疑是 XPath 路径的问题，为了验证，我们直接查找 id="content"的元素，并修改第 7 行代码如下：

```
7.  movies = html.xpath('//*[@id="content"]')
```

运行代码后输出：[<Element div at 0x1d778052688>]，这一级的元素可以找到，从谷歌开发者工具来看，电影列表就位于 id="content"的<div>元素中。接下来，我们直接把这个<div>元素的内容打印出来。

```
1.   import requests
2.   import lxml.html
3.
4.   http_response = requests.get('https://movie.douban.com/typerank?type_name=%E5%96%9C%E5%89%A7&type=24&
     interval_id=100:90&action=')
5.   http_response.encoding = 'utf-8'
6.   html = lxml.html.fromstring(http_response.text)
7.   movies = html.xpath('//*[@id="content"]')
8.   movie = movies[0]
9.   # 使用中 fromstring()相反的 tostring()方法
10.  # 把HTML 对象转换成文本
11.  div_text = lxml.html.tostring(movie, encoding='utf-8')
12.  # 由于使用 tostring()转换的文本是字节编码
13.  # 所以使用 decode('utf-8')将其转换成 utf-8 编码再输出
14.  print(div_text.decode('utf-8'))
```

　　打印出来的 HTML 代码是 id="content"这个<div>元素下面的所有 HTML 代码，在谷歌开发者工具的 HTML 代码面板里，电影列表位于<div class="movie-list-panel pictext">这个元素下面。在代码 3-12 的输出中，我们利用 Ctrl+F 快捷键查找<div class="movie-list-panel pictext">元素，把它跟谷歌开发者工具里的 HTML 代码进行对比，如图 3-20 所示。

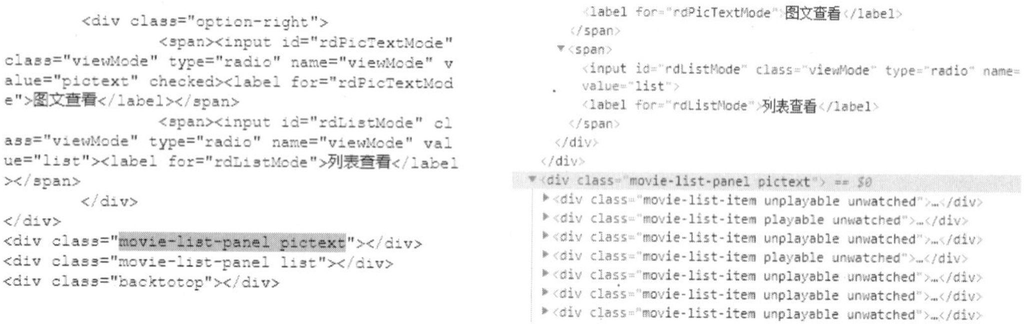

图 3-20

　　从图 3-20 中可以发现，通过代码抓取的指定元素下面并没有电影的相关元素。这也就是为什么该网页没有常规的翻页导航，只能通过鼠标向下滚动来加载新内容的原因。

　　这种网页的行为在前面介绍 JavaScript 时提到过，通过单击按钮、滚动网页可以更改网页的内容。在第 2.5 节的代码中，我们把数据定义在 JavaScript 的变量里，通过这些数据来增加表格的内容。那么这里通过滚动，对网页进行内容增加时的数据又在哪里呢？

　　在第 2.6.4 节中，介绍了如何筛选 HTTP 请求的资源。其中有一个分类是 XHR，它通常用来加载 JavaScript 需要的数据。所以我们现在应该知道如何去解决问题了。

　　在图 3-19 所示的网页上，我们打开谷歌开发者工具，切换到网络面板，筛选 XHR 资源。

 笔记栏

在谷歌开发者工具中可以使用  按钮来清除数据。

使用 XPath 对元素进行定位的时候，不必限制于某种方法，只要我们使用 XPath 表达式能够唯一定位需要的元素即可。在定位的过程中，可以输出一些信息来协助调试 XPath 的元素定位。

这时，我们刷新前面的网页，如图 3-21 所示。

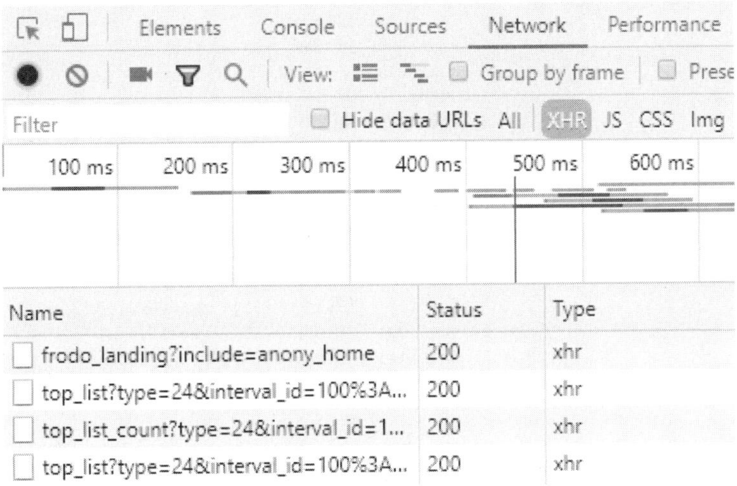

图 3-21

这时果然有一些资源被加载了，再继续滚动网页，会发现当左边的网页增加内容时，右边的资源列表也会新增一条内容，如图 3-22 所示。

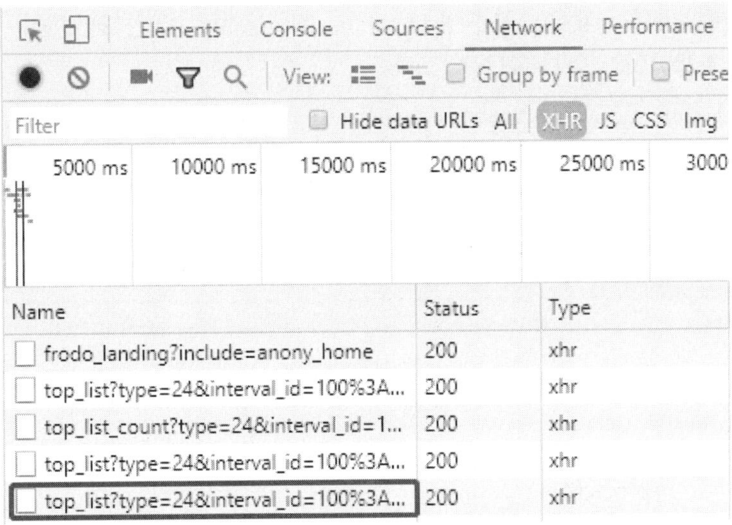

图 3-22

现在我们已经找到用代码抓取网页没有数据的原因了：因为这些数据是通过浏览器运行 JavaScript 代码之后加载数据重新生成的网页，而抓取网页的代码是没有运行 JavaScript 的功能的，所以只是抓取到了未运行 JavaScript 之前的 HTML 代码，当然也就不会有电影的数据了。

下面我们来看下这个 XHR 请求的资源是什么样子的。选中最后一条数据，并在右边的信息窗口中选择 Preview（预览）。展开其中一条数据，如图 3-23 所示。

```
Name                              ×  Headers   Preview   Response   Timing
□ frodo_landing?include=anony_...  ▼[{rating: ["9.1", "45"], rank: 21,…}, {rating: ["9.1", "45"
□ top_list?type=24&interval_id=...   ▼0: {rating: ["9.1", "45"], rank: 21,…}
□ top_list_count?type=24&interv...       actor_count: 0
□ top_list?type=24&interval_id=...       actors: []
□ top_list?type=24&interval_id=...       cover_url: "https://img3.doubanio.com/view/photo/s_ratio
                                         id: "4181031"
                                         is_playable: false
                                         is_watched: false
                                         rank: 21
                                       ▶ rating: ["9.1", "45"]
                                       ▶ regions: ["美国"]
                                         release_date: "2006-05-03"
                                         score: "9.1"
                                         title: "欢乐树的朋友们"
                                       ▶ types: ["动画", "喜剧"]
                                         url: "https://movie.douban.com/subject/4181031/"
                                         vote_count: 4633
                                     ▶ 1: {rating: ["9.1", "45"], rank: 22,…}
                                     ▶ 2: {rating: ["9.0", "45"], rank: 23,…}
                                     ▶ 3: {rating: ["9.0", "45"], rank: 24,…}
                                     ▶ 4: {rating: ["9.0", "45"], rank: 25,…}
```

图 3-23

网页中的 XHR 请求，通常会返回一个 JSON 数组，而 JSON 数组与 Python 的字典可以通过 json 库来进行转换。对于这种类型的网页抓取的代码又是什么样子呢？

3.7.2 动手敲代码

对于这种类型的网页，我们一般不用 lxml.html 库。因为可以直接通过分析出来的 URL 获取数据，复制图 3-22 中选中条目的 URL：

https://movie.douban.com/j/chart/top_list?type=24&interval_id=100%3A90&action=&start=40&limit=20

对于这种 URL，我们可以参照以前介绍的方法来分析 URL，抓取多页的数据。这里我们只进行简单的演示，抓取单个 URL 的数据。

代码 3-13

```
1.  import requests
2.
3.  http_response = requests.get('https://movie.douban.com/j/chart/top_list?type=24&interval_id=100%3A90&
    action=&start=40&limit=20')
4.  # 直接读取返回的 JSON 数据
5.  movie_data = http_response.json()
6.  print(type(movie_data))
7.  for movie in movie_data:
```

```
8.      print(movie)
9.      print('---------------分隔----------------')
```

代码 3-13 的输出如图 3-24 所示。

```
<class 'list'>
{'rating': ['8.9', '45'], 'rank': 41, 'cover_url': 'ht
9597512.jpg', 'is_playable': True, 'id': '1296909', 't
'虎口脱险', 'url': 'https://movie.douban.com/subject/129
te_count': 138633, 'score': '8.9', 'actors': ['路易·德·
塞', '迈克·马歇尔', '玛丽·马凯', '皮埃尔·贝尔坦', '本诺·施特
霍夫', '赫尔穆特·施奈德', '保罗·普雷博伊斯特', '汉斯·迈尔',
扎尔', '皮埃尔·鲁塞尔', '皮埃尔·巴斯蒂安', '雅克·萨布隆', '玛
内斯', '严泰德', '尚华', '童自荣', '于鼎'], 'is_watched':
---------------分隔----------------
{'rating': ['8.9', '45'], 'rank': 42, 'cover_url': 'ht
703618.jpg', 'is_playable': True, 'id': '1310177', 'ty
'东京教父', 'url': 'https://movie.douban.com/subject/131
te_count': 74694, 'score': '8.9', 'actors': ['江守彻',
'屋良有作', '寺濑今日子', '能登麻美子', '大塚明夫', '小山力也'
屋敦子', '堀川仁', '风间勇刀', '柴田理惠', '犬山犬子', '山寺
'金田朋子', '藤原启治', '兴梠里美'], 'is_watched': False}
---------------分隔----------------
```

图 3-24

这种方式获取数据的代码比分析网页获取数据的代码简单多了，请求的 URL 响应的是一个 JSON 数组，通过 http_response 的 json()方法可以直接获取。第 6 行代码我们直接打印出了变量 movie_data 的类型，可以确认 http_response.json()方法把 JSON 数组转换成了 Python 的列表对象。第 7、8 行代码，直接使用 for 循环把列表里的电影数据打印出来，每个电影数据都是一个 Python 字典。如果需要获取具体的数据，可以直接修改第 8 行代码。

3.7.3 小结

本章抓取的网页有一个特点，它通常是在浏览器里下载一些基本的网页，然后再通过浏览器的一些事件，如用户的鼠标滚动，发送一些 XHR 请求来获取服务器响应的数据。收到数据后利用 JavaScript 处理数据，将网页的内容更新。对于这种"动态"的网页，使用 XPath 一般不容易定位动态的元素，有些元素在用户触发某些事件时才能加载到浏览器里。通常 requests 库并不能触发这些事件，所以通过谷歌开发者工具分析了这种动态网页的数据来源，直接通过抓取 XHR 请求的 URL 来完成数据的抓取。

3.8 爬虫与网络机器人

本章的数据抓取与平时读者听到的爬虫是有区别的，但又有一定的联系。根据定义，爬虫（Web Crawler）又叫网络爬虫，是一种自动化、系统性浏览万维网（World Wide Web）的网络机器人。通常搜索引擎会使用网络爬虫来进行全网索引。而网络机器人则是通过编程语言开发的能够自动获取网页，然后进行分析的程序。网络机器人与我们的数据抓取程序比较接近。

本章的内容到这里就结束了，不会再继续深入讨论。因为专门的爬虫，还会涉及消息队列、URL 调度及各种搜索的算法等，这并不是本书的重点内容。在学习了数据抓取后，如果想进一步了解爬虫的话，可以寻找一些专门介绍爬虫的书籍来学习。

3.9　本章总结

本章通过几个实例来引入网页数据抓取的技术，把前面学习的 Python、HTML、谷歌开发者工具、XPath 等知识结合起来，打造出网页数据抓取的工具。

- 利用 requests 库来下载网页，lxml.html 来转换网页为可分析的对象。
- 通过 XPath 的语法，可以对 lxml.html 的对象元素进行定位，并获取数据。
- 通过分析 URL 的变化规则，对多页的数据进行抓取。
- 对于一些动态的网页，利用谷歌开发者工具分析获取数据的 URL，直接进行数据抓取。

第4章 文本处理

至此，我们已经学会了处理简单的字符串。但对于复杂的字符串（文本），如第3章获取的 movies.txt 中的电影数据文本，还需要一些更高级的方法。本章我们将引入正则表达式和 Python 的 re 库来进行复杂的字符串处理。

4.1 正则表达式

正则表达式，英文是 regular expression，简称为 regex。它是由一系列字符组成的一种搜索模式（Pattern）。这种模式通常用来进行文字的匹配、查找及替换等。

 笔记栏

匹配的目的是用来验证文本（字符串）是否和正则表达式一致。

查找用于搜索文本中和正则表达式匹配的一些字符串（部分字符串）。

替换则是将文本中找到匹配的字符串进行替换。

正则表达式对于非计算机专业的人来说，原理可能会比较晦涩。所以本节我们尽可能用简单的实例来介绍正则表达式。

4.1.1 怎样进行匹配

"匹配"是正则表达式比较核心概念，可以简单地将它理解为把一个模板与一个目标字符串进行对比，看双方是不是一致的。例如，我们可以定义一个模板："3 个连续数字"，这种模板通常包含一些规则，这里的规则就是 3 个连续数字。下面我们列出一些字符串来看看它们是不是符合（匹配）这个规则。

abc

1a1

123

1234

第 1 个字符串 abc，它只符合 3 个的规则，并不符合连续数字规则，并不匹配；第 2 个字符串 1a1，符合 3 个的规则，但第 2 个字符为字母，不符合连续数学的规则，也不匹配；第 3 个字符串 123，符合 3 个的规则，同时也是连续数字，因此匹配这个模板；第 4 个字符串 1234，虽然是连续的数字，但并不符合 3 个的规则，不是匹配模板。

正则表达式就是利用自己的语法，定义出一系列的规则（也叫模式），然后把规则与目标字符串进行匹配。

下面我们再通过匹配电子邮箱地址的实例来进一步讲解。电子邮箱格式如下：

zhangsan@abc.com

下面我们先写一个正则表达式来匹配上面的邮箱地址：

[a-z]+@[a-z]+\.[a-z]+

正则表达式在与目标字符串匹配时，是从左往右进行的。我们先看左边的[a-z]。这个模式匹配的是单个字符，也就是方括号里的 a-z，所以这个表达式所匹配的就是从 a～z 的任意一个字母，而且只是小写字母。如果要匹配大小写字母的话，我们需要写为[a-zA-Z]，还可以再加上数字[a-zA-Z0-9]。但要注意的是，不管这个表达式里面字符有多少个，这种方括号表达式都只匹配一个字符。这种表达式还有另一种写法：[az09AZ]。这种模式只会匹配 6 个字符：a、z、0、9、A、Z 中的一个。

接住右看，是一个+符号，表示前面的模式（[a-z]）所匹配的字符会出现 1 次或多次。那么[a-z]与+结合起来的模式就是匹配由小写字母组成的单词。也就是说，[a-z]+会匹配：a、banana及上面邮箱的名字 zhangsan 等字符串。

后面到了@符号，它仅单纯地匹配邮箱地址里的@符号。@符号的后面也是类似的[a-z]+模式，可以用它来匹配@符号后面的 abc 字符。

接下来是一个反斜杠（\）和一个英文的句号（.）。读者可能会问为什么不直接匹配abc.com 中间的点，而加一个反斜杠？其原因是英文句号（.）在正则表达式中是一种元字符（Metacharacter），用来匹配任意单个字符。它前面的反斜杠的作用是转义。在这里"\."结合就表示"."仅匹配单个英文句号，消除它在正则表达式中能够匹配任意字符的意义。

继续看到最后，剩下的[a-z]+模式用来匹配邮箱地址里的 com。

 知识库

"转义"是一种计算机的编程术语，通常用来表示有特殊意义的字符。如\n 在一些语言里表示换行，\t 表示制表符（就是按下键盘上 Tab 键产生的字符）等。转义也可以用来消除字符本身具体的特殊意义（如\.）。

通过上面从左至右的"扫描"，我们逐步分析了一个简单的正则表达式的匹配过程。正则表达式就是通过它的元字符来组成的各种模式，所以要学习正则表达式，首先要了解它的元字符。

4.1.2　常用的元字符

正则表达式是一个非常强大的工具，这主要得益于它的一系列具有不同功能的元字符。元字符，英文叫 Metacharacter，有时也写为 meta character。像前面的[a-z]、+、\s 等都是正则表达式的元字符。常用的正则表达式的元字符见表 4-1。

表 4-1

元　字　符	功　　能
.	匹配除换行符之外的任意字符

元 字 符	功　　能
[ ]	匹配在[ ]中的单个字符。[abc]匹配 a,b,c。[1-5]匹配 1,2,3,4,5。[xyz7-9]匹配 x,y,z,7,8,9。但像[-abc]和[abc-]里面没有起始字符连接的-,就单纯地进行字面匹配
[^]	匹配不在[^]中的单个字符,功能和[ ]相反。[^a-c]匹配除 a,b,c 之外的字符,也可以匹配数字
( )	将( )中的正则表达式匹配的内容进行标记,可以使用\number 形式
\number	用来引用( )匹配的字符串,跟( )出现的顺序依次使用\1、\2、\3 等
+	使+前面正则表达式出现 1 次或多次,如 ab+匹配 ab、abb、abbb,但不能匹配 a
?	使?前面正则表达式出现 0 次或 1 次,如 ab?匹配 a 或 ab,但不匹配 abb
*	使*前面的正则表达式现 0 次或多次,如 ab*匹配 a、ab 或 a
*?, +?, ??	懒惰模式。默认上面的+、?和*,会尽可能多地匹配(比较贪婪),但如果在它们后面加上?,则它们就会变得懒惰。正则<a.*?>在匹配<a>back</a>时就会匹配<a>
{M,N}	使{M,N}之前的正则表达式出现 M 到 N 次。有 3 种写法: a{1,3}b,匹配 ab、aab 和 aaab; a{,3}b,匹配 b、ab、aab 和 aaab; a{1,}b,匹配 ab,以及 1 个以上的 a 最后跟一个 b
|	匹配|两边的任意一个正则表达式。如[a-z]+|[0-9]+可以匹配字符串 abc,也可以匹配字符串 123
\w	匹配组成语言的字符,等价于[a-zA-Z0-9_],当然也可以包含中文
\W	与\w 的作用相反,匹配非组成语言的字符,如\W+可以匹配#?!字符串
\s	匹配普通空格、制表符、换行符等字符
\S	与\s 的作用相反,如\S+可以匹配字符串 ab　　c 中的 ab
\d	匹配任意字符数字,包含中文输入状态下的数字 123(注意和英文输入状态下的 123 不同)
\D	与\d 的作用相反,匹配除数字之外的字符,如\D+可以匹配 a-b-c!!!字符串
^	匹配字符串开头,可以和 re.MULTILINE 标志结合使用
$	匹配字符串结尾,可以和 re.MULTILINE 标志结合使用

知识库

表 4-1 中的元字符及其功能都是针对 Python 编程语言的,不同语言的正则表达式定义会有所差异。

表 4-1 列出了常用的元字符,并且通过简单的描述对各元字符的功能进行了介绍。虽然表里的项目较多,但可以慢慢学习。在 4.2 节我们将会介绍 Python 的 re 库,它会与这些元字符组成的正则表达式来对文本进行处理。

4.2　更强的文本工具——Python 的 re 库

Python 之所以强大,是因为它提供了很多库来方便我们实现各种功能。对于正则表达式而言,需要用到 re 库,看名字也知道这个库是和 regular expression 有关系的。我们先来了解一下 re 库的 match()方法。

代码 4-1

```
1.  import re
2.  email = "zhangsan@abc.com"
3.  matched = re.match("[a-z]+@[a-z]+\.[a-z]+", email)
```

```
4.  if matched:
5.      print("匹配")
6.  else:
7.      print("不匹配")
```

代码 4-1 可以在第 4 章的代码文件 ch4.ipynb 中找到。下面简单解析一下代码。

首先使用 import re 引入 re 库，再定义一个 email 变量来保存 zhangsan@abc.com 的邮箱字符串。

```
1.  import re
2.  email = "zhangsan@abc.com"
```

第 3 行代码就是重点了，代码使用了 re 库中的 match()方法，该方法的第 1 个参数是我们写好的正则表达式，将用它来匹配目标字符串。而目标字符串就是 match()方法的第 2 个参数，这里将 email 变量传递进来。match()方法的结果保存在 matched 变量里，如果 email 变量里的字符串与正则表达式匹配，那么 match()方法会返回一个匹配对象(match object)，反之返回 None。关于匹配对象我们会在后面介绍。

```
3.  matched = re.match("[a-z]+@[a-z]+\.[a-z]+", email)
4.  if matched:
5.      print("匹配")
6.  else:
7.      print("不匹配")
```

 问题来了

问：如果我的邮箱地址是 "zhangsan@abc.com.cn"，还和上面的正则表达式匹配么？

答：由于这个邮箱地址多了 ".cn" 字符，上面的正则表达式没有匹配它的模式，所以该邮箱地址与 "[a-z]+@[a-z]+\.[a-z]+" 不匹配。

对于上面的问题，我们可以修改代码 4-1 来验证一下。

代码 4-2

```
1.  import re
2.  email = "zhangsan@abc.com.cn"
3.  matched = re.match("[a-z]+@[a-z]+\.[a-z]+", email)
4.  if matched:
5.      print("匹配")
6.  else:
7.      print("不匹配")
```

代码输出：

匹配

这是什么情况？目标字符串 "zhangsan@abc.com.cn" 中只有前面的 "zhangsan@abc.com" 能够匹配 "[a-z]+@[a-z]+\.[a-z]+" 正则表达式。造成 "匹配" 的原因还要从 re.match()这个方法说起。

re.match()方法在匹配时的过程是：它在使用正则表达式与目标字符串进行匹配时，会从目标字符串的第 1 个字符开始从左向右进行，直至把所有的正则表达式全部匹配完成。如果匹配成功，则会返回一个匹配对象。而这个匹配对象就包含了正则表达式从目标字符串开头到正则表达式完成所匹配到的字符（见图 4-1 中方框内的部分）。而目标字符串的剩余部分，re.match()方法是忽略不处理的，这也就是为什么代码 4-2 会输出"匹配"的原因。

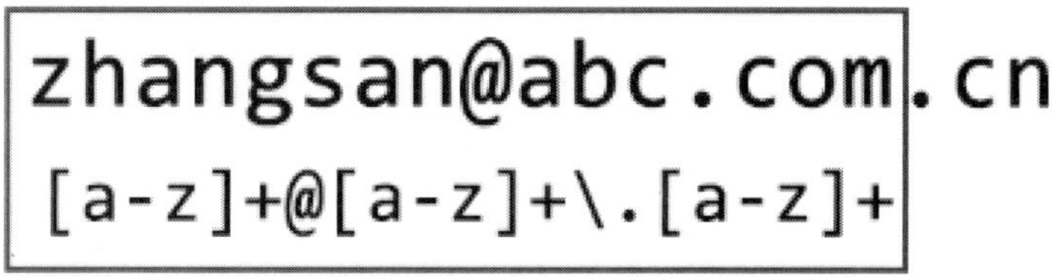

图 4-1

4.2.1 匹配对象怎么用

re.match()会返回一个匹配对象，匹配对象里包含了正则表达式匹配的字符串及一些其他信息。我们可以直接使用 print()来输出 match object 这个对象。

代码 4-3

```
1.  import re
2.  email = "zhangsan@abc.com.cn"
3.  matched = re.match("[a-z]+@[a-z]+\.[a-z]+", email)
4.  print(matched)
5.  print(matched.group())
```

代码输出：

```
<re.Match object; span=(0, 16), match='zhangsan@abc.com'>
zhangsan@abc.com
```

在代码 4-3 的第 4 行，print()方法打印出了 matched 变量保存的匹配对象。第 5 行代码，打印了 group()这个新的方法的输出： zhangsan@abc.com。它就是使用正则表达式匹配的字符串。再回头看下第 4 行代码的输出：

```
<re.Match object; span=(0, 16), match='zhangsan@abc.com'>
```

这是一个 re 库中的 match object，它包含一个 span=(0,16)的元组。这个 span 元组里面的 0 和 16 表示正则表达式在目标字符串里匹配的范围。然后就是我们匹配的目标字符串，通过 matched.group()方法可以获取该字符串。

4.2.2 使用 regex 来搜索

现在我们有这样的一个字符串：

```
###zhangsan@abc.com###lisi@abc.com
```

需要我们找出包含在它里面的邮箱地址。如果读者能想到用字符串的 split()方法，则证明前面的 Python 知识掌握得不错。但在这里我们会使用 re 库来查找需要的文本，加深对正则表达式的理解。

对于这个字符串中的邮箱地址，我们可以使用"[a-z]+@[a-z]+\.[a-z]+"这个正则表达式来进行匹配。但不能使用 re.match()方法，re.match()方法会从第 1 个字符开始匹配，现在目标字符串前面是###，match()方法就会匹配失败。

我们使用另一种方法：re.search()。它会从目标字符串的第 1 个字符开始搜索，从目标字符串中搜索能够匹配的字符串。

现在还有一个问题，在字符串后面还有一个 lisi@abc.com 的邮箱字符串，也需要匹配。所以我们将前面的匹配邮箱的正则表达式修改一下：

$$[a\text{-}z]+@[a\text{-}z]+\backslash.[a\text{-}z]+\#+[a\text{-}z]+@[a\text{-}z]+\backslash.[a\text{-}z]+$$

在中间增加了#+，用来匹配多个#号，也就是目标字符串里的 3 个#号。

 笔记栏

在实际应用中，"[a-z]+@[a-z]+\.[a-z]+"这个正则表达式是不能够完美地匹配邮件地址的，这里只是为了举例方便把它简化了。

现在我们来看代码和输出。

代码 4-4

```
1.  import re
2.  email = "###zhangsan@abc.com###lisi@abc.com###"
3.  matched = re.search("[a-z]+@[a-z]+\.[a-z]+#+[a-z]+@[a-z]+\.[a-z]+", email)
4.  print(matched)
```

代码输出：

```
<re.Match object; span=(3, 34), match='zhangsan@abc.com###lisi@abc.com'>
```

代码 4-4 中我们替换了 email 字符串，使用了 re.search()方法来搜索。re.search()和前面的 re.match()方法的参数是一致的，第 1 个是正则表达式，第 2 个是用来匹配的目标字符串。代码最后输出了匹配对象，可以看出匹配的是"zhangsan@abc.com###lisi@abc.com"这个字符串，而原始字符串前后的###不会被匹配，如图 4-2 所示。

###zhangsan@abc.com###lisi@abc.com###
[a-z]+@[a-z]+\.[a-z]+#+[a-z]+@[a-z]+\.[a-z]+

图 4-2

但我们的目标是找出两个邮箱地址的字符串，需要再引入一个正则表达式的元字符"()"。在表 4-1 中，它可以对匹配进行标记，我们通过代码来看下它的具体作用。

代码 4-5

```
1.  import re
2.  email = "###zhangsan@abc.com###lisi@abc.com###"
```

```
3.  matched = re.search("([a-z]+@[a-z]+\.[a-z]+)#+([a-z]+@[a-z]+\.[a-z]+)", email)
4.  print(matched.group())
5.  print(matched.group(0))
6.  print(matched.group(1))
7.  print(matched.group(2))
8.  print(matched.groups())
```

代码输出：

```
zhangsan@abc.com###lisi@abc.com
zhangsan@abc.com###lisi@abc.com
zhangsan@abc.com
lisi@abc.com
('zhangsan@abc.com', 'lisi@abc.com')
```

这段代码也是使用了 re.search()方法来进行搜索的，但使用的正则表达式与前面的有所不同，我们通过"()"元字符进行了标记：

([a-z]+@[a-z]+\.[a-z]+)#+([a-z]+@[a-z]+\.[a-z]+)

用两对圆括号分别把匹配邮箱地址的模式标出来，这个圆括号的作用是将括号内的模式匹配的子字符串（这里就是邮箱字符串）暂时保存起来，可以在后面继续使用。

代码中使用 matche.group()方法来获取标记的子字符串，group()的参数会决定返回的字符串。序列 1 代表第 1 个括号里匹配的子字符串，序号 2 代表第 2 个括号匹配的子字符串，以此类推。而 group(0)和 group()的效果是一样的，返回整个正则表达式所匹配的所有字符串。

在代码 4-5 中的第 8 行，我们使用了一个 matched.groups()方法（注意 groups 使用了复数），这个方法会返回一个元组，里面包含了使用 re.search()匹配到的子字符串，也就是我们需要查找的两个邮箱地址。

4.2.3　使用 regex 来替换

在 re 库中，对字符串替换使用的是 re.sub()方法。我们继续通过实例来学习它的用法。这里有一个字符串"***world hello***"，它的两个单词顺序反了。现在我们用 re.sub()来将它更正。

代码 4-6

```
1.  import re
2.  s = "***world hello***"
3.  new_s = re.sub("([a-z]+)\s([a-z]+)", r"\2 \1", s)
4.  print(new_s)
```

代码输出：

```
***hello world***
```

re.sub()的匹配方式和 re.search()一样，都是从目标字符串的左边开始搜索能匹配正则表达式的字符串。re.sub()会用到 3 个参数，第 1 个参数是正则表达式，第 2 个参数是用来进行替换的字符串，第 3 个参数就是目标字符串。代码 4-6 的匹配我们借助图 4-3 来分析。

图 4-3

第一个[a-z]+匹配到 world 这个单词，通过元字符"()"将它保存在引用里。接着是一个代表空格的元字符\s，也就是目标字符串中的 world 和 hello 之间的空格。后面的 [a-z]+匹配 hello 这个单词，同样通过"()"保存在引用里。re.sub()方法的第 2 个参数使用了\1、\2 这种表达式来获取对应的单词，并将匹配的字符串进行替换。

 知识库

"\number"是一种转义记法，number 是从 1 开始的序号，对应元字符"()"在正则表达式里出现的顺序。通过"\number"，可以获取到对应的匹配字符串。

最后代码的输出是"***hello world***"，两个单词的位置已被交换。而字符前后的 3 个*符号保持不变，因为 re.sub()只会替换匹配的字符串，这里匹配的是"world hello"，前后的 3 个*符号都被原样返回。

读者要注意代码 4-6 里的 re.sub()方法，第 2 个参数在字符串前面使用了"r"这个字符。在Python 里，字符串前面的双引号表示里面的字符串是原始字符串（String Literal），也就是说，r""表示的就是字面上的意思，一个反斜杠\和一个字母 n。在输出时没有换行的效果。正常情况下像"\2 \1"这个字符串中的\是有转义作用的，\2 和\1 会被转义成一些不能显示的字符。所以我们需要用 r""来表示原始字符串，这样才能保证\2 和\1 引用到前面正则表达式里匹配的字符串。下面看一段简单的代码就会更加清楚了。

代码 4-7

```
1.  s1 = "hello\nworld"
2.  s2 = r"hello\nworld"
3.  print(s1) #输出会换行
4.  print(s2) #输出不换行
5.
6.  s3 = "\1 \2"
7.  s4 = r"\1 \2"
8.  print(s3) #输出不能正常显示
9.  print(s4) #输出正常显示
```

代码输出：

```
hello
world
hello\nworld
```

\1 \2

从代码 4-7 的输出可以看出不使用 r""来表示原始字符串时，输出的字符串就会显示出转义字符的效果。

4.2.4　更方便查找

在代码 4-5 中，通过 re.search()方法来查找一个字符串中的邮箱地址。这个方法有个缺点，就是如果目标字符串包含很多邮箱地址，我们就需要把它们都匹配。也就是说，我们用来匹配的正则表达式会很长。如下面的字符串：

###zhangsan@abc.com###lisi@abc.com###wanger@abc.com

如果使用之前的方法，我们可能需要写出如下的正则表达式来进行匹配：

([a-z]+@[a-z]+\.[a-z]+)#+([a-z]+@[a-z]+\.[a-z]+)#+([a-z]+@[a-z]+\.[a-z]+)

现在目标字符串只包括 3 个邮箱地址，要匹配的正则表达式就已经很长了。因此，re 库提供了 findall()的方法。这个方法的参数与 re.search()的一致，第 1 个参数用来匹配的正则表达式，第 2 个参数是目标字符串。但 re.findall()返回的不是一个匹配对象，而是一个包含所有匹配字符串的列表。

代码 4-8

```
1.  import re
2.
3.  email = "###zhangsan@abc.com###lisi@abc.com###wanger@abc.com"
4.  matched_list = re.findall("[a-z]+@[a-z]+\.[a-z]+", email)
5.  print(matched_list)
```

代码输出：

```
['zhangsan@abc.com', 'lisi@abc.com', 'wanger@abc.com']
```

代码 4-8 比较简单，在 re.findall()方法中使用了用来匹配单个邮箱地址的正则表达式。re.findall()方法会对目标字符串进行完整的扫描，根据正则表达式匹配，把匹配的字符串放入列表中，最后返回这个列表。如果没有匹配到，则返回空列表。

re.findall()方法通常用于在文本里搜索特定的字符串，只要编写能够匹配字符串的 regex，就可以通过 findall()方法把所有的子字符串找出来。

4.2.5　re 库中的控制标志

在使用 re 库进行正则表达式匹配时，还可以使用 re 库的控制标志来对匹配行为进行控制。

```
1.  import re
2.
3.  s = "APPLE"
4.
5.  matched = re.match("[a-z]+", s)
6.  print(matched) # 结果输入None，不匹配
7.
8.  matched = re.match("[a-z]+", s, re.IGNORECASE)
9.  print(matched) # 匹配
```

代码 4-9 中的第 3~5 行，进行了简单的字符串匹配。字符串 s 全部为大写字母，使用 [a-z]+来匹配失败。但在第 8 行代码中，使用了第 3 个参数：re.IGNORECASE。输出的结果就匹配了，而这个就是 re 库的控制标志的作用。

通过这个标志可以控制正则表达式的匹配行为，代码 4-9 中的 re.IGNORECASE 表示在匹配时忽略大小写。如果指定了这个标志，匹配时元字符[a-z]和[A-Z]的效果是一样的。

我们再来看另一个标志 re.DOTALL，这个名字比较奇怪。上面的 re.IGNORECASE，我们可以从字面上的意思知道是忽略大小写，那么 re.DOTALL 有什么功能呢？

代码 4-10

```
1.  import re
2.
3.  s = "hello\nworld"
4.  matched = re.match(".+", s)
5.  # 由于默认只会匹配"hello"
6.  print(matched)
7.
8.  matched = re.match(".+", s, re.DOTALL)
9.  # 使用 re.DOTALL"hello"将匹配整个"hello\nworld"
10. print(matched)
```

代码输出：

```
<re.Match object; span=(0, 5), match='hello'>
<re.Match object; span=(0, 11), match='hello\nworld'>
```

代码 4-10 中的第 4 行，在进行匹配时没有使用 re.DOTALL 控制标志，正常情况下英文句号（.）是不能匹配换行符的（见表 4-1），所以输出的匹配对象就只包含了 hello 这个字符串。但在第二次匹配时我们使用了 re.DOTALL 标志，换行符（\n）被匹配到了。然后+符号会接着匹配剩下的 world 字符串，所以最后打印出的匹配对象就包含了 hello\nworld 字符。

最后再介绍一个常用的标志 re.MULTILINE。这个标志稍微复杂一点，我们需要结合一个新的正则表达式元字符（^）讲解，元字符^表示匹配开头的字符。这是什么意思的呢？例如，^a[a-z]+这个模式，匹配的就是以 a 字母开头的单词。而像 orange 这种以 o 开头的单词是不能被它匹配的。

下面我们来看看^如何与 re.MULTILINE 一起使用。

```
 1. import re
 2.
 3. # 这个字符串其实是 3 行
 4. s = "Apple\nBanana\n"
 5. print(s)
 6. print("------")
 7. # 默认 search() 只能匹配第 1 行
 8. # 而 Banana 这个单词在第 2 行
 9. matched = re.search("^B.+", s)
10. print(matched)
11.
12. # 开启 re.MULTILINE 的标志
13. # search() 就能够匹配多行
14. matched = re.search("^B.+", s, re.MULTILINE)
15. print(matched)
```

代码输出：

```
Apple
Banana

------
None
<re.Match object; span=(6, 12), match='Banana'>
```

代码 4-11 中我们想匹配以 B 开头的单词，也就是目标字符串中的 Banana。变量 s 里的字符串是多行字符串，默认情况下 search() 方法只会匹配第 1 行的字符串，所以第 1 次匹配时并不会匹配到 Banana 这个单词。

而在使用了 re.MULTILINE 之后，就允许我们进行多行字符串的匹配了。

字符串 s 中的 Banana 会因为前面有一个 \n 换行，它其实是新的一行的开始，所有我们的 ^B.+ 这个正则表达式就可以成功匹配到 Banana 这个单词了。

表 4-2 总结了 3 个常用的 re 控制标志。

表 4-2

标　志	缩　写	含　义
re.IGNORECASE	re.I	匹配时忽略大小写
re.DOTALL	re.S	匹配时元字符.可以匹配任意字符，包括换行符
re.MULTILINE	re.M	匹配时允匹配多行

表 4-2 中的缩写是指在代码中可以使用对应的缩写来代替前面完整的标志，比如：

```
matched = re.match(".+", s, re.DOTALL)
```

可以替换为：

```
matched = re.match(".+", s, re.S)
```

4.2.6　replace()和 re.sub()

到目前为止，在 Python 中对文字进行替换可以使用 2 个方法：第 1 个是 Python 里字符串的 replace()方法；第 2 个是本章里介绍的 re.sub()方法。replace()和 re.sub()方法在进行简单的替换时，如把 abc 替换成 123，两者没有什么区别。但在进行一些复杂的替换时，replace()就不能实现 re.sub()的功能了。

在代码 4-12 中，我们需要替换两个单词之间的多个空格为一个空格。正常情况下字符串的 replace()会替换所有要替换的字符，我们可以来看下效果。

代码 4-12

```
1.  # 两个词语之间有 2 个空格，需要替换 1 个空格
2.  s1 = "Hello  Python"
3.  # 使用 replace()会把空格全部替换
4.  new_s1 = s1.replace(" ", "")
5.  print(new_s1)
6.
7.  # 利用 replace()的第 3 个参数控制替换数量
8.  new_s1 = s1.replace(" ", "", 1)
9.  print(new_s1)
10.
11. # 替换 2 个空格
12. s2 = "Hello   Python"
13. new_s2 = s2.replace(" ", "", 2)
14. print(new_s2)
15.
16. # 这种字符串呢
17. s3 = "Hello                          Python"
```

默认情况下，replace()方法会替换所有的空格，结果就会导致两个单词之间的所有空格全部被替换了。所以我们使用了 replace()方法的第 3 个参数来限制替换个数，但其缺点就是需要提前知道替换的空格数量，这在编程领域里就完全是体力劳动了。那么 re.sub()是怎么做的呢？利用正则表达式。使用元字符\s 来代替空格，而一个或多个空格就是\s+，这个正则表达式就作为 re.sub()的第 1 个参数。re.sub()的第 2 个参数则使用一个普通空格，表示将第 1 个参数所匹配到的所有空格替换为第 2 个参数的一个空格。

代码 4-13

```
1.  import re
2.
3.  s3 = "Hello                          Python"
4.  new_s3 = re.sub("\s+"," ", s3)
5.  print(new_s3)
6.  # 可以试下继续加长字符串之间的空格
7.  # 或者试一试下面的这个文本
8.  s4 = "The quick  brown   fox   jumps over the lazy              dog"
9.  new_s4 = re.sub("\s+", " ", s4)
10. print(new_s4)
```

代码输出:

```
Hello Python
The quick brown fox jumps over the lazy dog
```

在代码 4-13 中,我们成功地把单词之间的多个空格替换成了一个,即使单词之间有任意个空格,都不会影响最后的结果。

4.2.7　实现更高级的 strip()方法

我们可以使用 strip()方法去掉字符两端不需要的字符。如"　你好　",可以通过

"　你好　".strip()

来去掉该字符串两边的空格。利用 re.sub()和正则表达式也可以实现这种功能。这就需要^和$了,通过这两个元字符来匹配字符串开始和结尾。对于开始处的空格,可以使用^\s+,而对于结尾的空格可以使用\s+$。

代码 4-14

```
1.  import re
2.
3.  s = "    你好 Python       "
4.  new_s = s.strip()
5.  print("{}: |{}|".format("使用 strip()", new_s))
6.
7.  new_s = re.sub('^\s+|\s+$', '', s)
8.  print("{}: |{}|".format("使用 re.sub()", new_s))
```

代码 4-14 的输出结果和使用 strip()方法的一致。只是我们需要注意在^\s+和\s+$之间使用了 | 这个元字符。在表 4-1 中,该元字符表示在匹配时可以使用 | 两边的任意一个模式,结果就是能够同时匹配字符串前后的空格,再使用 re.sub()替换(注意我们在输出结果时,使用了格式化字符串,并在字符串两边都加了 | 来标识字符串的边界)。

字符串的 strip()和 replace()类似,默认都是对所有的字符进行操作,因此 strip()会替换前后所有的目标字符。如果我们需要保留一些字符,则用 strip()就不能实现了。例如,"<<<<<你好 Python>>>>>>>>" 这个字符串,我们在前后分别保留 2 个<>符号,让这个字符串看起来像书名。如果使用 strip()方法,目标字符串两边所有的<>符号都会被去掉。

代码 4-15

```
1.  import re
2.
3.  s = "<<<<<你好 Python>>>>>>>>>"
4.  # 使用 strip()的话,会替换到所有的"<"和">"
5.  new_s = s.strip("<>")
6.  print("{}: |{}|".format("strip()", new_s))
7.
8.  # 可以用 re.sub()来保留特定的字符
9.  new_s = re.sub("^(<)+|(>)+$", r"\1\1\2\2", s)
```

```
10.  print("{}: |{}|".format("re.sub()", new_s))
```

在代码 4-15 中，对于目标字符串 s，第一次使用了 strip()方法来对两端的字符串进行去除。strip()方法里我们使用了一个字符串"<>"，表示去除字符串两边的<和>字符。strip()方法并没有类似 replace()方法的参数来限制替换次数，所以结果与预期的一样，目标字符串两边的<和>字符被全部去除了。

接下来我们使用了 re.sub()方法来进行替换，其原理与代码 4-14 中替换空格的一样，通过正则表达式来处理。但这里我们需要详细讲解一下第 9 行代码：

```
9.  new_s = re.sub("^(<)+|(>)+$", r"\1\1\2\2", s)
```

首先是第 1 个正则表达式参数，使用^来匹配开始的<符号，但这里我们使用()元字符把<符号括了起来，以便于我们在后面使用\1 来引用。接着使用+符号来匹配多个<符号，这样^(<)+就可以匹配字符串开头的多个<符号。同理，(>)+$用来匹配字符串结尾处的多个>符号。在两个模式中间使用 | 表示可以任意匹配两个模式。

然后看第 2 个参数，注意在字符串前面我们使用 r 来表示原始字符串，这样可以通过\1 和\2 来分区引用<和>符号。由于我们需要保留两个<和>符号，所以分别使用了两次\1 和\2，从而达到了把目标字符串替换成类似书名号的格式。

4.2.8　新的拆分方法 re.split()

前面讲过字符串的 split()方法，它会把文本以指定的字符进行拆分，并把拆分之后的文本保存在列表里返回。在使用 split()方法时，如果不指定分隔字符，split()方法会把连续的空格当作分隔符。我看下面的文本

"阿甘正传　　　　　Forrest Gump　　　　　福雷斯特·冈普"

该文本来自第 3 章中我们抓取电影数据的标题，多个标题之前使用多个空格来分隔。

如果我们需要获取 3 个不同的标题，那么先看看字符串 split()方法的处理效果。

代码 4-16

```
1.  s = "阿甘正传           Forrest Gump          福雷斯特·冈普"
2.  print(s.split())
```

代码输出：

```
['阿甘正传', 'Forrest', 'Gump', '福雷斯特·冈普']
```

代码 4-16 中的 split()不指定参数时，效果跟我们前面描述的一样，多个空格和一个空格都被当作分隔符。但这个方法有个缺点，英文单词中间的一个空格也被分隔了，正常情况下的 3 个电影标题被拆分成了 4 个。

这里我们需要引入一个新的拆分方法，在 re 库中也有一个 split()方法。这个方法也是通过我们指定分隔符来对文本进行拆分的，但它和字符串的 split()方法的不同就是 re.split()可以使用正则表达式来作为分隔符。使用正则表达式的优势就是我们可以通过正则表达式来指定分隔符的规则。如上面的电影标题文本，我们可以使用 2 个以上的空格来进行分配，这样就可以避

免两个单词之间的 1 个空格被拆分。

那么匹配 2 个或 2 个以上的空格的正则表达式应该怎么写呢？表 4-1 中有一个 {M,N} 元字符，我们可以使用它来实现这个效果。

代码 4-17

```
1.  import re
2.
3.  s = "阿甘正传              Forrest Gump              福雷斯特·冈普"
4.  titles = re.split("\s{2,}", s)
5.  print(titles)
```

代码输出：

```
['阿甘正传', 'Forrest Gump', '福雷斯特·冈普']
```

在第 4 行代码的 re.split() 方法中，第 1 个参数是我们用来匹配分隔字符串的正则表达式，第 2 个参数是用来拆分的文本。

```
4.  titles = re.split("\s{2,}", s)
```

对于第 1 个参数，使用 \s 来匹配空格，结合 {2,} 组成的正则表达式 \s{2,} 来匹配 2 个或 2 个以上的空格。因此第 4 行代码会把 2 个或 2 个以上的空格作为字符串的分隔符，而英文电影标题 Forrest Gump 中间的 1 个空格并不会成为分隔符。re.split() 方法也是把文本拆分成列表返回的。从代码的输出来看，re.split() 方法完美地达到了我们需要的效果。

re.split() 方法与字符串的 split() 方法的功能是一致的，只不过 re.split() 能够利用正则表达式来对分隔字符进行控制，这就是 re.split() 比 str.split() 强大的原因。

4.2.9 怎样提取中文

在表 4-1 中的正则表达式元字符里，有一个可以用来匹配组成语言字符的 \w 元字符。该元字符可以匹配中文、英文及其他语言的字符。有时我们在抓取网页上的数据时，常常会遇到中英文、甚至中文与其他语言结合的文本。要把这种混合文本中的中文提取出来，我们需要用到中文的 Unicode 编码的范围：\u4E00-\u9FA5。这个范围是常用中文的 Unicode 编码范围，基本可以覆盖生活中使用的所有中文。下面我们看看这个编码与正则表达式是如何结合使用的。

代码 4-18

```
1.  import re
2.
3.  s = "肖申克的救赎 / The Shawshank Redemption / 月黑高飞(港) / 刺激 1995(台)"
4.
5.  chinese = re.findall("\w+", s)
6.  # 输出里英文与数据也被匹配到了
7.  print(chinese)
8.
9.  # 通过中文的 Unicode 范围来进行匹配
10. chinese = re.findall("[\u4E00-\u9FA5]+", s)
```

```
11. print(chinese)
12.
13. # 可以在[]元字符里加一些额外需要匹配的字符
14. chinese = re.findall("[\u4E00-\u9FA5()0-9]+", s)
15. print(chinese)
```

代码输出：

['肖申克的救赎', 'The', 'Shawshank', 'Redemption', '月黑高飞', '港', '刺激1995', '台']

['肖申克的救赎', '月黑高飞', '港', '刺激', '台']

['肖申克的救赎', '月黑高飞(港)', '刺激1995(台)']

代码 4-18 中我们有一个电影标题的文本，包含了 4 个电影标题，文本是中英文混合。4 个电影标题之间使用/来分隔。

代码的第 5 行，我们尝试直接使用\w+来匹配文字：

```
5. chinese = re.findall("\w+", s)
```

在第 1 次输出结果的文本中的英文也被匹配了。在第 10 行，我们使用了[]元字符与中文的 Unicode 编码范围：

```
10. chinese = re.findall("[\u4E00-\u9FA5]+", s)
```

第 2 次输出时就只有中文词语被匹配到。由于[]元字符可以增加需要匹配的字符，所以在第 14 行的正则表达式中，我们在[]里添加了()和数字：

```
14. chinese = re.findall("[\u4E00-\u9FA5()0-9]+", s)
```

第 3 次输出时，匹配的中文就比较完美了，成功地获取了包括数字的中文标题。

4.3　电影数据的处理

在第 3 章中，我们抓取了豆瓣电影 Top 250 网页上电影的基本数据：电影的排名、标题、评分等，并且将这些数据保存在一个文本文件里。文件共有 250 行，每一行都包含了一条电影的基本数据信息，如图 4-4 所示。

```
1
肖申克的救赎                                              / The Shawshank Redemption
刺激1995(台)                                                           [可播放]
弗兰克·德拉邦特 Frank Darabont      主演: 蒂姆·罗宾斯 Tim Robbins /...
剧情
9.6                                                         1477697人评价
希望让人自由。
2
霸王别姬                                   / 再见，我的妾  / Farewell My Concubine
[可播放]
Zha...                                        1993 / 中国 / 剧情 爱情
同性
9.6                                                         1095229人评价
风华绝代。
3
这个杀手不太冷                                           / Léon
[可播放]
...                                    1994 / 法国 / 剧情 动作
犯罪
9.4                                                         1343777人评价
怪蜀黍和小萝莉不得不说的故事。
4
阿甘正传                                                / Forrest Gump
```

图 4-4

通过观察文本，我们发现每一行都是一个很长的字符串，而且在不同的信息之间有一些不定数量的空白来分隔。注意是"空白"这个词，因为除正常的空格、制表符之外，还有一些其他字符的显示效果与空格一样。例如，HTML 代码里的 字符也可以表示为空格，尤其是网页上的空格。

 笔记栏

有时文本里会包括一些特殊字符（或特殊编码的字符），它们在显示时与空白的字符没有什么区别。通常我们在进行文本处理时会使用 repr()方法来显示文本里是否有一些特殊的字符。这样，我们在处理之前可以提前处理这些特殊字符，以免在后期处理文本时出现一些异常的状况。

这些文本其实是比较原始的数据，我们会继续对它进行一些处理工作，把数据处理成格式化的数据。

现在开始读取第 3 章获取的电影文本，代码中文本文件名称为 movies.txt。

代码 4-19

```
1.  import re
2.  import codecs
3.
4.  with codecs.open("movies.txt", "r", encoding="utf-8") as f:
5.      for line in f:
6.          print(line)
7.          print("---------------------------------")
8.          # 通过 repr()方法来显示出一些特殊字符
9.          # 如 \xa0 及换行符\n
10.         print(repr(line))
```

代码输出：

```
                                                      1
肖申克的救赎                                          / The Shawshank Redemption
(港)  /  刺激1995(台)                                                    [可播放]
导演: 弗兰克·德拉邦特 Frank Darabont      主演: 蒂姆·罗宾斯 Tim Robbins /...
情
9.6                                                   1477697人评价
希望让人自由。

---------------------------------
'                                                     1
肖申克的救赎                                          \xa0/\xa0The Shawshank Redemption
0/\xa0月黑高飞(港)  /  刺激1995(台)
导演: 弗兰克·德拉邦特 Frank Darabont\xa0\xa0\xa0主演: 蒂姆·罗宾斯 Tim Robbins /...
\xa0美国\xa0/\xa0犯罪 剧情
9.6                                                   1477697人评价
希望让人自由。
```

代码 4-19 中我们通过 codecs 库来打开电影数据文本，通过 for 循环读取第一行文本。

在第 10 行的代码中，使用了 repr()方法来显示一些特殊的字符。

```
9.          print(repr(line))
```

第 1 次输出后会发现每一行数据里的确有特殊的字符\xa0，这个字符其实就是前面说过的 的不同的编码形式，在抓取网页数据时会经常遇到。知道有这些特殊字符之后，我们在对文本处理前就需要提前进行替换特殊字符、字符串的前后空格等工作。最后用比较干净的文本来进一步提取数据。简单的提前处理文本见代码 4-20。

代码 4-20

```
1.  import re
2.  import codecs
3.
4.  with codecs.open("movies.txt", "r", encoding="utf-8") as f:
5.      for line in f:
6.          new_line = line.replace("\xa0", " ").strip()
7.          print(repr(new_line))
8.          print("--------------------------------")
```

代码输出：

```
'1
肖申克的救赎                                    / The Shawshank Redemption
(港)   /  刺激1995(台)                                      [可播放]
导演: 弗兰克·德拉邦特 Frank Darabont    主演: 蒂姆·罗宾斯 Tim Robbins /...
情
9.6                                            1477697人评价
希望让人自由。 '
--------------------------------
'2
霸王别姬                              / 再见，我的妾  /  Farewell My Concubine
[可播放]
e Chen    主演: 张国荣 Leslie Cheung / 张丰毅 Fengyi Zha...
性
9.6                                            1095229人评价
风华绝代。 '
--------------------------------
```

4.3.1 提取之前的观察

这种把不同类型的数据放在一起的文本并不方便分析。因此，我们需要把相同类型的数据分别提取出来，像电影排名、标题、国家等。在前面通过实例讲解的正则表达式和 Python 的 re 库就可以派上用场了。但如果需要处理的文本结构比较简单，也可以使用普通的字符串的 replace()、split()等方法来处理。使用哪种方法，需要根据目标文本的结构来决定。

因此，我们在进行数据提取时，最重要的是先观察文本结构。通过文本结构来定位要获取的目标数据在文本中的位置、特征等。例如，文本通过规则的字符来分隔，我们可以使用简单的 split()方法来拆分，通过 split()方法返回的数组来获取所需的数据；如果需要获取一些日期数据，我们可以通过正则表达式的元字符来编写对应的正则表达式，再使用 re.search()或 re.findall()方法来获取。

4.3.2 需要获取哪些数据

在第 5 章，我们会介绍利用 Pandas 来进行数据分析。因此可以把原始文本中的数据尽可能多地提取出来，转化为更具结构化的数据，以便于在 Pandas 中进行分析。

（1）获取电影排名

在代码 4-20 输出的文本中，我们发现每行的第一个数据就是电影的排名。它与第 2 个数据（电影标题）之间有很长的空格进行分隔。所以我们可以简单地使用字符串的 split()方法来把文本进行拆分，拆分后得到列表的第一个元素就是电影的排名。

代码 4-21

```
1.  import re
2.  import codecs
3.
4.  with codecs.open("movies.txt", "r", encoding="utf-8") as f:
5.      for line in f:
6.          new_line = line.replace("\xa0", " ").strip()
7.          ranking = new_line.split()[0]
8.          print(ranking)
```

代码输出：

1

2

3

4

5

6

…

 问题来了

问：如果使用正则表达式，应该怎么做呢？

答：由于电影的排名都是数字，所以我们使用匹配数字的元字符就可以了，再结合+可以匹配多个数字。所以模式就是\d+，当然[0-9]+也是可以的。

（2）获取电影标题

在电影数据文本里，电影标题有很多个，这里只获取第一个。通过观察电影数据文本，我们会发现电影排名和第一个电影标题之间是通过多个空格来分隔的。可以拆分文本来获取第一个电影标题。但为了避免第一个电影标题里出现空格而被拆分的情况出现，我们使用 re.split() 方法来使用多个空格进行文本的拆分。

代码 4-22

```
1.  import re
2.  import codecs
3.
4.  with codecs.open('movies.txt', 'r', encoding='utf-8') as f:
5.      for line in f:
6.          # 去掉特殊字符，以及每行两边的空格
7.          new_line = line.replace("\xa0", " ").strip()
8.          # 通过正则表达式来拆分字符串
9.          data = re.split("\s{2,}", new_line)
10.
11.         # new_line 通过 re.split() 处理后会得到一个列表
12.         # 而这个列表的第 2 个元素就是我们需要的电影标题
```

```
13.        title = data[1]
14.        print(title)
```

代码输出:

肖申克的救赎

霸王别姬

这个杀手不太冷

阿甘正传

美丽人生

泰坦尼克号

...

（3）获取电影评分

由于电影排名和标题在字符串的前面且位置固定，所以可以采用拆分的方法来获取。

而电影的评分就不同了，在电影评分前面还有类似电影标题、导演、演员、标签等数据。像电影标签这种数据，如果每个电影有不同数量的标签，那么电影数据文本拆分出来就会出现不同长度的列表，当然也就不能通过固定的列表序号来获取需要的数据了。

因此，对于电影评分，可以利用正则表达式来获取。电影的评分都是一个小数，也就是数字中间包括一个小数点。而通过了解豆瓣的评分规则是 10 分制，也就是说最高分是 10 分。但目前貌似还没有出现 10 分的电影，所以我们就只考虑 $x.x$ 的小数情况。然后我们再结合 re.search 方法来搜索匹配的评分数据。

代码 4-23

```
1.  import re
2.  import codecs
3.
4.  with codecs.open('movies.txt', 'r', encoding='utf-8') as f:
5.      for line in f:
6.          # 去掉特殊字符，以及每行两边的空格
7.          new_line = line.replace("\xa0", " ").strip()
8.
9.          matched = re.search('\s+(\d\.\d)\s+', new_line)
10.         rating = matched.group(1)
11.         print(rating)
```

代码输出:

9.6

9.6

9.4

9.4

9.5

9.4

...

在代码 4-23 中，我们在匹配评分的正则表达式\d\.\d 的两边还加上了匹配评分前后多个空格的正则表达式，这样更能够准确地定位到评分数据。由于在正则表达式里使用了圆括号标记

评分数据，所以我们使用匹配对象的 group(1)方法就可以获取电影的评分了。

（4）获取电影评价人数

要获取电影数据里的电影评价人数应该是比较简单的了。文本中电影的评价人数的格式是：

×××××××人评价

这种格式非常适合使用正则表达式来进行匹配。对于多个数字使用\d+来匹配，然后再使用圆括号标记，通过 group()方法获取。

代码 4-24

```
1.  import re
2.  import codecs
3.
4.  with codecs.open('movies.txt', 'r', encoding='utf-8') as f:
5.      for line in f:
6.          # 去掉特殊字符，以及每行两边的空格
7.          new_line = line.replace("\xa0", " ").strip()
8.
9.          matched = re.search("(\d+)人评价", new_line)
10.         comment = matched.group(1)
11.         print(comment)
```

代码输出：

```
1477697
1095229
1343777
1160732
680722
1102484
...
```

（5）获取电影年代

电影年代的获取与电影评价的方式差不多。两者都是数字，年代为 4 个数字，因此使用 \d{4}来匹配。

代码 4-25

```
1.  import re
2.  import codecs
3.
4.  with codecs.open('movies.txt', 'r', encoding='utf-8') as f:
5.      for line in f:
6.          new_line = line.replace("\xa0", " ").strip()
7.          matched = re.search('\s+(\d{4})\s', new_line)
8.          year = matched.group(1)
9.          print(year)
```

代码输出：

```
1994
1993
1994
1994
1997
1997
...
```

但是，如果往下滚动代码输出，则会发现一些问题。代码还出现了一些异常，如图 4-5 所示。

```
AttributeError                          Traceback (most recent
 call last)
<ipython-input-32-c3cbc2003748> in <module>()
     9          new_line = line.replace("\xa0", " ").strip()
    10          matched = re.search('\s(\d{4})\s', new_line)
---> 11          year = matched.group(1)
    12          print(year)

AttributeError: 'NoneType' object has no attribute 'group'
```

图 4-5

根据异常提示，AttributeError 是我们在对 NoneType 对象使用 group()方法时出现的。前面我们介绍过，re.search()方法如果没有找到匹配的字符串，就会返回一个 None 对象。而我们的代码对这个 None 对象使用 group()方法就出现了 AttributeError 异常。

可以推断正则表达式在搜索到某一条电影数据时并没有匹配电影的年代。我们需要找出这条数据，可以改动一下代码把这条电影数据打印出来。

使用 Python 异常处理语句 try…except…来处理 AttributeError 异常。在出现该异常之后，把当前的电影数据文本使用 print()语句打印出来。同时我们将打印正常的年代的语句用#符号注释掉，以保证代码只打印有异常的电影数据。

代码 4-26

```
1.  import re
2.  import codecs
3.
4.  with codecs.open('movies.txt', 'r', encoding='utf-8') as f:
5.      for line in f:
6.          new_line = line.replace("\xa0", " ").strip()
7.          try:
8.              matched = re.search('\s+(\d{4})\s', new_line)
9.              year = matched.group(1)
10.         except AttributeError:
11.             print(new_line)
12.         # print(year)
```

代码输出：

65
大闹天宫　　　　　　　　　　　　　　　/ 大闹天宫 上下集 　/　 The Monkey Ki
ng 　　　　　　　　　　　　　　　　　　　　　　　　　[可播放]
导演: 万籁鸣 Laiming Wan / 唐澄 Cheng Tang　主演: 邱岳峰 Yuefeng Qiu /...
1961(中国大陆) / 1964(中国大陆) / 1978(中国大陆) / 2004(中国大陆) / 中国大陆 /
动画 奇幻
9.3　　　　　　　　　　　　　　　　　　　　　　　17979
1人评价
经典之作，历久弥新。
193
天书奇谭　　　　　　　　　　　　　　　/ The Legend of Sealed Book 　/　 S
ecrets of the Heavenly Book
[可播放]
导演: 王树忱 Shuchen Wang / 钱运达 Yunda Qian　主演: 丁建华 Jianhua Din...
1983(中国大陆) / 2019(中国大陆重映) / 中国大陆 / 动画 奇幻
9.1　　　　　　　　　　　　　　　　　　　　　　　86256
人评价
传奇的年代，醉人的童话。

　　果然，在代码 4-26 的输出中，我们发现有的电影数据的年代格式与其他电影的不一样。年代的数字后面并不是空格，这就是没有匹配成功的原因。这种电影数据有几个不同的年代，暂时只获取第 1 个年代。

　　前面用来匹配的正则表达式需要进行一些修改。原正则表达式最后一个元字符是用来匹配电影年代后面的空格的。但对于出现异常的电影数据，年代后面是一个左圆括号 "("。因此我们需要对应修改一下正则表达式，使用前面用过的 | 元字符：

\s+(\d{4})\s　->　\s+(\d{4})(\s|\()

　　修改后的正则表达式前面保持不变，继续匹配多个空格后面跟 4 个数字。关键部分是 4 个数字后面匹配的那个字符，它可能是空格，也可能是一个(。所以使用 | 元字符来帮助我们匹配空格或 (的其中一个。

 笔记栏

　　\s+(\d{4})(\s|\()中有一个小技巧，我们使用圆括号把 \s|\(括起来就可以避免正则表达式被解释成 \s+(\d{4})\s 或(两部分。正则表达式里的(要使用转义字符\来表示原始的左圆括号，而不是元字符。

　　现在我们替换修改之后的正则表达式。

代码 4-27

```
1.  import re
2.  import codecs
3.
4.  with codecs.open('movies.txt', 'r', encoding='utf-8') as f:
5.      for line in f:
6.          new_line = line.replace("\xa0", " ").strip()
7.          try:
8.              matched = re.search('\s+(\d{4})(\s|\()', new_line)
9.              year = matched.group(1)
10.          except AttributeError:
11.              print(new_line)
12.          print(year)
```

在 Jupyter 里查看代码的所有输出，已经没有异常的电影数据输出了。也就是说，修改后的正则表达式已经正确地找到了电影的年代。

（6）获取电影国家和标签

前面我们在获取电影数据时，大部分通过 re.search()方法在字符串里搜索所需的数据。现在我们决定同时获取两个电影的数据：国家和标签，因为这两个数据在电影数据文本中的位置是相邻的，并且我们可以通过比较明显的特征来定位它们，如图 4-6 所示。

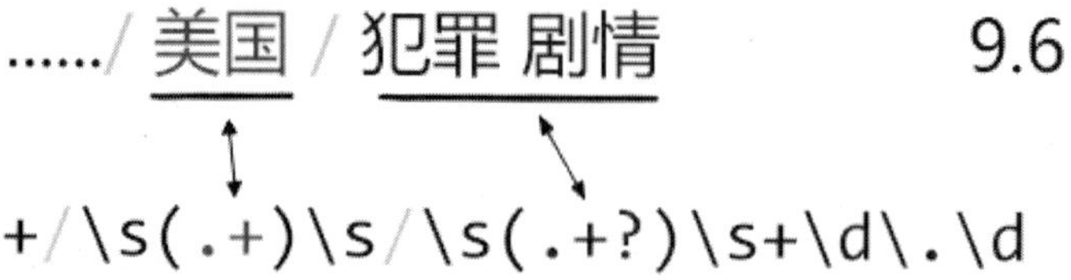

图 4-6

首先我们可以通过\d\.\d 来匹配 9.6 这个数字，而 9.6 前面的多个空格可使用\s+来匹配。然后我们使用\s(.+?)来匹配"犯罪 剧情"的电影标签，这里我们还使用了?来限制贪婪模式，以防止在匹配标签时把标签后面的空格也匹配进去。接着是匹配两个/中间的国家，注意两个/两边的单个空格通过一个\s 来匹配。最后就是剩下的前面的所有文字了，我们使用.+的贪婪模式来匹配。可以使用 re.match()方法，这是因为我们编写的正则表达式匹配了文本开始的字符串。

代码 4-28

```
1.  import re
2.  import codecs
3.
4.  with codecs.open('movies.txt', 'r', encoding='utf-8') as f:
5.      for line in f:
6.          new_line = line.replace("\xa0", " ").strip()
7.          matched = re.match(".+/\s(.+)\s/\s(.+?)\s+\d\.\d", new_line)
8.          country = matched.group(1)
9.          tag = matched.group(2)
10.         # country, tag = matched.group(1, 2)
11.         print("国家: {}, 标签: {}".format(country, tag))
```

代码输出：

国家: 美国, 标签: 犯罪 剧情
国家: 中国, 标签: 剧情 爱情 同性
国家: 法国, 标签: 剧情 动作 犯罪
国家: 美国, 标签: 剧情 爱情
国家: 意大利, 标签: 剧情 喜剧 爱情 战争
...

在代码 4-28 中，把国家与标签进行标记，在匹配之后，使用匹配对象的 group(1)和 group(2)方法来获取它们。

其实匹配对象的 group()方法还可以像代码第 10 行那样使用，当 group()传入多个参数时，

会返回这几个参数对应的标记数据所组成的一个元组。例如，matched.group(1,2)就会返回(国家，标签)这个元组，然后再将元组里的数据赋值给对应变量。

 问题来了

问：如果我们需要同时获取国家、标签、评分和评价人数，使用正则表达式应该怎么做？

答："`.+/\s(.+)\s/\s(.+?)\s+(\d\.\d)\s+(\d+)人评价`"。由于这几个数据是相邻的，所以我们只要把代码 4-28 中的正则表达式继续往后扩展就可以了。

4.3.3 多样化的方法

在进行文本处理时，是使用简单文本处理方法，如 split()、strip() 等，还是完全使用正则表达式来处理呢？最关键的问题还是依赖于文本的结构。根据文本的结构，通过自己的经验来选择使用正则表达式，或者普通的字符串方法，又或者两种方法的结合、交替使用。

再看一个例子，对于前面获取的电影评价人数，还可以通过以下方式来获取。

代码 4-29

```
1.  with codecs.open('movies.txt', 'r', encoding='utf-8') as f:
2.      for line in f:
3.          new_line = line.replace("\xa0", " ").strip()
4.          # 通过评分来拆分整个文本
5.          data = re.split("\d\.\d", new_line)
6.          print(data[1])
7.          print("-------------")
8.          # 列表中的第 2 个字符串去除前后空格，再用 split() 来拆分
9.          data1 = data[1].strip().split()
10.         print(data1[0])
11.         print("-------------")
12.         # 折分后列表的第 1 个文本就是"xxxxxx 人评价"，通过 strip()方法去除中文
13.         comment = data1[0].strip("人评价")
14.         print(comment)
15.         print("-------------")
```

代码输出：

```
1477697 人评价
希望让人自由。
-------------
1477697 人评价
-------------
1477697
-------------
...
```

在代码 4-29 中，第 5 行使用了 re.sub()，通过电影评分来拆分文本。获取 data 列表里的第 2 个元素包含我们需要的评价人数的数据。

```
5.        data = re.split("\d\.\d", new_line)
6.        print(data[1])
```

第 9 行代码去除 data[1]字符串两边的空格，再通过空格来拆分，得到 data1 列表。

```
9.        data1 = data[1].strip().split()
10.       print(data1[0])
```

data1 中的第 1 个元素是我们需要的评价人数的文本，文本的形式是"xxxxxxx 人评价"。最后直接将该文本的"人评价"去除，也能够得到电影的评价人数。

虽然上面的方法获取电影评价人数比前面直接使用正则表达式获取的要复杂一些，但在缺乏有效的文本处理方法时，我们可以使用类似的"笨"办法来帮我们开拓思路。

4.3.4　格式化的数据

上面我们已经知道如何获取所需的单个电影数据，现在可以把它们处理成结构化的数据，以便于 Pandas 之类的工具进行分析。

（1）保存为普通文本

下面的代码会将原始的电影数据处理后，保存为普通文本。

代码4-30

```
1.  import re
2.  import codecs
3.
4.  # 在打开一个文件读取的时候，再同时打开一个文件来写入
5.  # 通过反斜杠来对过长的代码行进行拆分
6.  # 但要注意在\后面不要有任何字符，包括空格
7.  with codecs.open("movies.txt", "r", encoding="utf-8") as f, \
8.          codecs.open("data.txt", "w", encoding="utf-8") as out:
9.      for line in f:
10.         new_line = line.replace("\xa0", " ").strip()
11.
12.         #获取排名和标题
13.         temp = new_line.split()
14.         ranking = temp[0]
15.         title = temp[1]
16.
17.         # 获取电影年份
18.         matched = re.search('\s+(\d{4})(\s|\()', new_line)
19.         year = matched.group(1)
20.
21.         # 通过一个较复杂的正则表达式来获取电影的国家、标签、评分及评价人数
22.         matched = re.match(".+/\s(.+)\s/\s(.+?)\s+(\d\.\d)\s+(\d+)人评价", new_line)
23.         country, tag, rating, comment = matched.group(1, 2, 3, 4)
24.
25.         # 每个数据使用逗号分隔，组成一行，保存到文件 data.txt 里
26.         print("{},{},{},{},{},{},{}".format(ranking,title,rating, year,country,tag,comment),file=out)
```

在代码 4-30 中，我们结合前面的所有方法，把每个电影的排名、标题、评分、年份、国家、标签及评论（评分人数）这 7 个数据全部提取出来，保存在各自的变量里。然后通过字符串格式化把这些变量通过英文逗号分隔，拼接成一行文本。最后通过 print()方法，把每一行文本写入最开始我们打开的文件 data.txt 中。

在获取电影的国家、标签、评分及评价人数时，我们使用了前面介绍过的扩展方法：首先把所需的数据在正则表达式里进行标记，然后对电影数据文本进行匹配，最后通过匹配对象的 group()方法来获取。

data.txt 文件里内容如下。

1,肖申克的救赎,9.6,1994,美国,犯罪 剧情,1477697
2,霸王别姬,9.6,1993,中国,剧情 爱情 同性,1095229
3,这个杀手不太冷,9.4,1994,法国,剧情 动作 犯罪,1343777
4,阿甘正传,9.4,1994,美国,剧情 爱情,1160732
5,美丽人生,9.5,1997,意大利,剧情 喜剧 爱情 战争,680722
6,泰坦尼克号,9.4,1997,美国,剧情 爱情 灾难,1102484
······

 笔记栏

在代码4-30 中，如果想把数据保存为 csv 格式，最简单的办法就是直接把data.txt 改为data.csv。

（2）保存为 Python 字典文本

如果把上面的数据交给别人分析，除把数据文件交付外，还需要对每一行中的每一个数据代表的意思进行说明。因为仅从文件内容不能完全猜测出数据的含义，所以下面我们换一种数据存储方式。

代码 4-31

```python
1.  import re
2.  import json
3.  import codecs
4.
5.  with codecs.open("movies.txt", "r", encoding="utf-8") as f, \
6.          codecs.open("data-json.txt", "w", encoding="utf-8") as out:
7.      for line in f:
8.          new_line = line.replace("\xa0", " ").strip()
9.
10.         #获取排名和标题
11.         temp = new_line.split()
12.         ranking = temp[0]
13.         title = temp[1]
14.
15.         # 获取电影年份
16.         matched = re.search('\s+(\d{4})(\s|\()', new_line)
17.         year = matched.group(1)
18.
19.         # 通过一个较复杂的正则表达式来获取电影的国家、标签、评分及评价人数
```

```
20.        matched = re.match(".+/\s(.+)\s/\s(.+?)\s+(\d\.\d)\s+(\d+)人评价", new_line)
21.        country, tag, rating, comment = matched.group(1, 2, 3, 4)
22.
23.        # 将数据保存在字典里，并为每个数据指定字典的 key
24.        data = {
25.            "排名": ranking,
26.            "标题": title,
27.            "评分": rating,
28.            "年份": year,
29.            "国家": country,
30.            "标签": tag,
31.            "评论": comment
32.        }
33.
34.        # 每一条结构化后的电影数据，通过 json.dumps()方法保存为 json 的字符串作为一行
35.        # 保存到 data.txt 里
36.        print(json.dumps(data), file=out)
```

代码 4-31 中获取数据的方式与代码 4-30 中的一样，其区别就在代码的后面几行。代码的第 24～32 行定义了一个字典，通过字典的 key 来保存数据的含义，而字典的值就是前面获取的对应数据。

```
24.        data = {
25.            "排名": ranking,
26.            "标题": title,
27.            "评分": rating,
28.            "年份": year,
29.            "国家": country,
30.            "标签": tag,
31.            "评论": comment
32.        }
```

在每一次循环后，使用 json.dumps()方法把字典对象转换为文本，此时数据已经变成 JSON 格式。通过 print()方法把每一个电影的数据保存在 data-json.txt 文件里，文件内容如下。

1. {"\u6392\u540d": "1", "\u6807\u9898": "\u8096\u7533\u514b\u7684\u6551\u8d4e", "\u8bc4\u5206": "9.6", "\u5e74\u4efd": "1994", "\u56fd\u5bb6": "\u7f8e\u56fd", "\u6807\u7b7e": "\u72af\u7f6a \u5267\u60c5", "\u8bc4\u8bba": "1477697"}

2. {"\u6392\u540d": "2", "\u6807\u9898": "\u9738\u738b\u522b\u59ec", "\u8bc4\u5206": "9.6", "\u5e74\u4efd": "1993", "\u56fd\u5bb6": "\u4e2d\u56fd\u5927\u9646 \u9999\u6e2f", "\u6807\u7b7e": "\u5267\u60c5 \u7231\u60c5 \u540c\u6027", "\u8bc4\u8bba": "1095229"}

3. {"\u6392\u540d": "3", "\u6807\u9898": "\u8fd9\u4e2a\u6740\u624b\u4e0d\u592a\u51b7", "\u8bc4\u5206": "9.4", "\u5e74\u4efd": "1994", "\u56fd\u5bb6": "\u6cd5\u56fd", "\u6807\u7b7e": "\u5267\u60c5 \u52a8\u4f5c \u72af\u7f6a", "\u8bc4\u8bba": "1343777"}

4. {"\u6392\u540d": "4", "\u6807\u9898": "\u963f\u7518\u6b63\u4f20", "\u8bc4\u5206": "9.4", "\u5e74\u4efd": "1994", "\u56fd\u5bb6": "\u7f8e\u56fd", "\u6807\u7b7e": "\u5267\u60c5 \u7231\u60c5", "\u8bc4\u8bba": "1160732"}

5. {"\u6392\u540d": "5", "\u6807\u9898": "\u7f8e\u4e3d\u4eba\u751f", "\u8bc4\u5206": "9.5", "\u5e74\u4efd": "1997", "\u56fd\u5bb6": "\u610f\u5927\u5229", "\u6807\u7b7e": "\u5267\u60c5 \u559c\u5267 \u7231\u7231\u7231\u7231

```
u60c5 \u6218\u4e89", "\u8bc4\u8bba": "680722"}
```

6. ```
{"\u6392\u540d": "6", "\u6807\u9898": "\u6cf0\u5766\u5c3c\u514b\u53f7", "\u8bc4\u5206": "9.4", "\u5e74
\u4efd": "1997", "\u56fd\u5bb6": "\u7f8e\u56fd", "\u6807\u7b7e": "\u5267\u60c5 \u7231\u60c5 \u707e\u96
be", "\u8bc4\u8bba": "1102484"}
```

7.  .......

文件中所有的中文都被转换成 Unicode 编码的形式，以防止出现乱码。在把文件读入相关分析工具后，Unicode 编码又会转换成中文。

# 4.4  本章总结

本章的核心内容就是把 Python 的 re 库与正则表达式结合，组成文本处理的工具。使用这些工具把第 3 章抓取的原始数据，处理成格式化的数据。

- 了解正则表达式的匹配过程。
- 正则表达式通过元字符组成匹配字符串的各种模式。
- Python 的 re 库的几种常用方法。
- 了解 re 库与正则表达式的实际应用。
```

第 5 章　数　据　分　析

在经过前面的数据抓取、文本处理的烦琐过程之后，我们得到了比较干净的结构化数据。现在就可以开始进行数据分析了。本章的主角是 Pandas，它是基于 Python 的一个高效、强大、灵活的数据分析工具。

Pandas 提供了一套易于使用的数据结构与分析工具，同时还能结合 matplotlib 让我们可以轻松地对数据进行可视化。

5.1　工具准备

5.1.1　配置 Jupyter Notebook

在前面的内容中，Jupyter Notebook 已经作为我们编写 Python 代码的工具了，本章会继续使用它来帮助我们进行数据分析及可视化。但在使用 Jupyter Notebook 进行数据处理之前，需要对 Jupyter Notebook 做一些基本的配置。

代码 5-1

```
1.  import pandas as pd
2.  import numpy as np
3.
4.  # 设置输出的最大行数和列数
5.  pd.set_option("display.max_columns", 10)
6.  pd.set_option("display.max_rows", 10)
7.
8.
9.  import matplotlib
10. # 直接在 Notebook 中显示 matplotlib 绘图
11. %matplotlib inline
12. # 设置绘图的字体及字体大小
13. matplotlib.rc("font", family="SimHei", size=14)
14. # 设置绘制的图形大小（单位：英寸）
15. matplotlib.rc("figure", figsize=(6, 4))
```

在上面的配置中，我们导入了 Pandas 和 Numpy，分配设置别名为 pd 和 np。然后设置了数据输出时的最大行数和列数。最后设置了绘制图形的中文字体（如果不设置中文字体，则绘制图形中的中文会变为乱码），以及绘制图形的大小。

5.1.2　数据生成帮手——Numpy

Numpy 这个工具，从它的名称就可以看出与数字有关系。Numpy 是 Python 用来进行科学计算基础的一个库，它提供了强大的多维数组对象、复杂的计算方法、随机数及线性代数等众多功能。

在本章中，我们将会用到 Numpy 的多维数组及随机数的功能。在第 1 章中，我们介绍过列表，它和一维数组的结构是相同的。常用的有多维数组，还有二维、三维数组，如图 5-1 所示。

图 5-1

 笔记栏

数组的维度，英文是 Dimension。因此，一维又被简写成 1D。二维和三维以此类推，分别是 2D 和 3D。

通过 5.1.1 节对 Jupyter Notebook 进行的基本配置，我们已经可以直接使用 Numpy 这个库了。现在用它来生成一些数据。

```
1.  np.random.rand(3)
```

代码输出：

```
array([0.33805272, 0.9989989 , 0.50114195])
```

上面我们使用了 Numpy 库中的 random.rand()方法来生成了一些随机小数。random.rand()方法可以接收不同的参数。当该方法接收到一个参数时，random.rand()方法会生成一维数组，数组里随机生成的数据数量和传递的参数相同。当该方法接收到两个参数时，就会生成 2D 数组。

```
1.  np.random.rand(3,2)
```

代码输出：

```
array([[0.27014018, 0.89121227],
       [0.60835534, 0.3684913 ],
       [0.28902238, 0.40226454]])
```

可以把参数(3,2)理解成生成数组的形状，即 3 行 2 列。读者可以试下生成 3D 甚至 4D 数组。random.rand()生成的随机小数是有一定范围的。这个范围是 0～1 的闭开区间，也就是 0≤ $n<1$。如果想生成指定范围的小数，可以使用 random.uniform()。

```
1.  np.random.uniform(10,50,4)
```

代码输出：

```
array([30.28468313, 19.20291806, 37.40782746, 49.65913884])
```

random.uniform()方法接收 3 个参数，前两个参数是生成的数值范围。第 3 个参数和

random.rand()参数类似，如果是单个数字，则生成相同数量的 1D 数组；如果是元组形式，则生成对应多维数组。

```
1.  np.random.uniform(-20.5,40.8,(3,4))
```

代码输出：

```
array([[  0.22890539,   2.93823198,  12.66730783,   6.25486257],
       [-18.25630665,  -9.5056694 ,  32.0778485 ,  24.32409498],
       [ 32.81123468,  -1.96594604,  -7.42439757,  35.37433931]])
```

在上面的例子中，random.uniform()方法的第 3 个参数是(3,4)元组，最后生成了 3 行 4 列的 2D 数组，数值范围是前两个参数之间的随机小数。

那么整数数据怎么生成呢？可以使用 random.randint()。

```
1.  np.random.randint(50,100, (2,4))
```

代码输出：

```
array([[88, 66, 84, 55],
       [74, 53, 54, 78]])
```

random.randint()的参数和 random.uniform()的参数一致，通过第 3 个参数来控制生成的数组形状。

通过上面这些例子，介绍了 Numpy 库的一些基本功能，但它的功能远不止于此。有兴趣的读者可以参阅网站 https://docs.scipy.org/doc/numpy/user/quickstart.html。

5.1.3　Pandas 中的数据结构

Pandas 有两种比较易于使用的数据结构来帮助我们进行数据分析：Series 和 DataFrame。Series 结构和数组类似，可以用它来保存同类型数据。而 DataFrame 结构上是 2D 数据，但更接近于 Excel 表格。通过这两个数据结构，Pandas 可以处理大多数的统计、社会科学、金融及其他领域数据分析。

5.2　像一维数组的 Series

在第 1 章，我们接触过列表（或数组）[1, 3, 5, 7]，它是一种序列。而 Pandas 中的 Series 与列表相似，不过 Series 是一种带有标签的一维数组。而这个标签称为 index，中文翻译为索引，如图 5-2 所示。

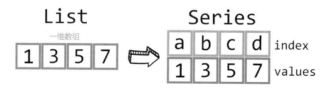

图 5-2

虽然 Series 与数据类似，但它里面能够存储的数据类型不仅有数字，Series 的数据还可以有字符串、字典、对象等。

我们知道，Python 的列表可以通过 list[n] 的方式来获取列表中的数据。下面我们创建一个 Series。创建 Series 有几种方式。

第 1 种是通过 Python 的列表来创建。

代码 5-2

```
1.  numbers = [1, 3, 5, 7]
2.  s1 = pd.Series(numbers)
3.  s1
```

代码输出：

```
0    1
1    3
2    5
3    7
dtype: int64
```

在代码 5-2 中，我们通过 Pandas 库，用 numbers 列表创建了一个 Series。从代码的输出中可以看到，列表里的数据已经存放了在了 Series 中。而每个数据前面的数字就是这个数据的索引。通过列表创建 Series，pd.Series()方法会默认帮我们加上整数索引。当然我们也可以自己指定标签索引。

代码 5-3

```
1.  numbers = [1, 3, 5, 7]
2.  s2 = pd.Series(numbers, index=["a","b","c","d"])
3.  s2
```

代码输出：

```
a    1
b    3
c    5
d    7
dtype: int64
```

在代码 5-3 中，我们还是使用了同样的方法，但通过 pd.Series()方法的 index 参数指定了要创建 Series 的索引。

现在已创建了 Series，下面我们看看如何访问 Series 中的数据。

```
1.  print(s2[0])
2.  print(s2["c"])
```

代码输出：

```
1
5
```

上面的代码片断使用 Python 的列表访问方式和 Python 中字典访问方式，它们都能获取 Series 中的数据。看起来，Series 和 Python 中的字典也类似。那么是不是可以通过字典来创建 Series 呢？

代码 5-4

```
1.  data = {
2.      "a": 1,
3.      "b": 3,
4.      "c": 5,
5.      "d": 7,
6.      "e": 9,
7.      "f": 3,
8.      "g": 7,
9.      "h": 7
10. }
11. s = pd.Series(data)
12. s
```

代码输出：

```
a    1
b    3
c    5
d    7
e    9
f    3
g    7
h    7
dtype: int64
```

看起来是可以的，代码 5-4 中通过字符 data 来创建名为 s 的 Series。从输出可以看出，字典中的 key 被自动转换成了 Series 的索引。

由于 Pandas 是使用 Python 语言开发的工具，所以通过上面的方法创建的 Series 在本质上也是一个 Python 对象。我们在学习 Python 时知道，Python 对象通常会有一些属性及方法。通过这些属性及方法，我们可以获取 Series 的信息，并对 Series 进行一些操作。

5.2.1 获取 Series 信息

当我们手上有一个 Series（假设是上面通过字典创建的名为 s 的 Series）时，它作为一个带有标签的数组，我们首先要了解它保存了哪些数据。

```
1.  #获取 Series 保存的数据
2.  s.values
```

代码输出：

```
array([1, 3, 5, 7, 9, 3, 7, 7], dtype=int64)
```

通过 Series 的 values 属性，可以获取 Series 里存储的数据。由于 Series 是一种带有标签的数组，因此通过 values 属性会得到一个数组。可以通过 Python 的类型转换将它转换成常见的列表。

```
1.  #将数据转换成列表
2.  list(s.values)
```

代码输出：

```
[1, 3, 5, 7, 9, 3, 7, 7]
```

通过 Series 的 size 属性，可以获取它的数据长度。

```
1.  # 获取 Series 数据长度
2.  s.size
```

代码输出：

```
8
```

我们也可以通过 shape 属性来获取。

```
1.  # 获取 Series 形状
2.  s.shape
```

代码输出：

```
(8,)
```

shape 属性返回的是一个元组，用来表示 Series 存储数据形状。由于 Series 是一维数组，因此元组只包含了一个数值，也就是 Series 存储的数据长度。

Sereis 还提供了 dtypes 属性获取它保存的数据类型。

```
1.  # 获取 Series 保存数据的类型
2.  s.dtypes
```

代码输出：

```
dtype('int64')
```

对于 Pandas 中的数据类型除常用的数值外，还有 float64、object、bool 等。它们与 Python 中的数据类型具有的关系见表 5-1。

表 5-1

Pandas dtype	Python type
int64	int
float64	float
object	str
bool	bool

Series 带有标签的数据，我们可以通过 index 属性来获取它的索引。

```
1.  # 获取 Series 索引
2.  s.index
```

代码输出：

```
Index(['a', 'b', 'c', 'd', 'e', 'f', 'g', 'h'], dtype='object')
```

```
1.  # 将索引转换成列表
2.  list(s.index)
```

代码输出：

```
['a', 'b', 'c', 'd', 'e', 'f', 'g', 'h']
```

除通过列表或字典的方法来获取 Series 存储的数据外，Pandas 还提供了功能更为强大的 iloc 和 loc 属性来帮助我们获取 Series 的数据。

iloc 属性可以使用类似列表的切片方式，接收数值索引作为参数。

```
1.  s.iloc[2:4]
```

代码输出：

```
c    5
d    7
dtype: int64
```

iloc 还使用整数索引列表作为参数，获取指定的数据。而输出的数据，会根据指定的索引来进行排序。

```
1.  s.iloc[[3,2,0]]
```

代码输出：

```
d    7
c    5
a    1
dtype: int64
```

既然可以通过整数索引访问 Series 的数据，那么使用标签索引也可以。不过标签索引使用的是 loc 属性。

```
1.  s.loc["a"]
```

代码输出：

```
1
```

```
1.  s.loc[:"c"]
```

代码输出：

```
a    1
b    3
```

```
c    5
dtype: int64
```

```
1. s.loc[["d","a","c"]]
```

代码输出：

```
d    7
a    1
c    5
dtype: int64
```

loc 使用标签索引来获取数据的方式与整数索引一致，也可以使用切片或二维数组的方式。

5.2.2 Series 进行数学运算

我们对 Series 还可以进行一些有用的算术运算。

```
1. s + 10
```

代码输出：

```
a    11
b    13
c    15
d    17
e    19
f    13
g    17
h    17
dtype: int64
```

除+之外，也可以进行减（$s-10$）、乘（$s*10$）、除（$s/10$）和求余（$s\%10$）等运算。

```
1. s - 5
2. s * 2
3. s / 3
4. s % 3
```

我们还可以对 Series 进行逻辑运算。

```
1. s >= 3
```

代码输出：

```
a    False
b    True
c    True
d    True
e    True
f    True
g    True
```

```
h    True
dtype: bool
```

逻辑运算针对 Series 中的数据进行，返回的结果其实也是一个 Series。逻辑运算还可以帮我们筛选出符合条件的数据。

```
1.  s[s >=3 ]
```

代码输出：

```
b    3
c    5
d    7
e    9
f    3
g    7
h    7
dtype: int64
```

Series 的逻辑运算符与 Python 的一致，包含<、>、==、<=、>=、!=，并且可以使用多个筛选条件，使用圆括号进行分隔，通过 & 或 | 符号来连接，分别表示与、或。

```
1.  s[(s>=3) & (s<7)]
```

代码输出：

```
b    3
c    5
f    3
dtype: int64
```

5.2.3 对 Series 进行一些操作

通过前面对 Series 进行的一些实例操作，我们大概了解了 Series 的一些特性。

除此之外，Series 对象还提供了众多的方法，可以对 Series 中的数据进行操作。下面会通过一个比较真实的实例来进行学习。在此之前我们需要生成一个更真实一点的 Series。

代码 5-5

```
1.  import calendar
2.
3.  # 生成10～100 之内的随机小数，共12 个
4.  data = np.random.uniform(10,100,12)
5.
6.  # 生成英文月份
7.  month = [calendar.month_abbr[i] for i in range(1,13)]
8.
9.  report2018 = pd.Series(data, index=month)
10. report2018
```

代码输出：

```
Jan    67.088292
Feb    95.006132
Mar    90.778478
Apr    52.010108
May    80.149402
        ...
Aug    78.700938
Sep    86.797961
Oct    28.890715
Nov    74.885046
Dec    16.718217
Length: 12, dtype: float64
```

在代码 5-5 中，我们通过 Numpy 库的 random.uniform()来生成 10～100 范围内的随机小数，再使用 Python 的 calendar 库来生成每个月份的英文简称，创建一份"销售年报"。

 知识库

在代码输出中，有 2 个月的数据被截取掉了，并没有完整显示。其原因在于本章开始的时候我们对 Jupyter Notebook 进行了一些配置，其中有一条

```
pd.set_option("display.max_rows", 10)
```

display.max_rows 这个参数用来控制 Jupyter Notebook 的最大输出行数。如果输出数据的行数超过了 display.max_rows 的设定值，多余的行会被截取掉，而只显示了前后 5 条数据。我们可以根据自己的需求，重新设置最大显示行数。

对于这份销售年报，我们想统计它的销售总额，可以使用 Series 的 sum()方法来计算。

```
1.  # 销售总额
2.  report2018.sum()
```

代码输出：

```
780.8287353157675
```

通常我们还可以了解一下最大销量与最小销量。

```
1.  # 最大销量
2.  report2018.max()
```

代码输出：

```
95.00613172127395
```

```
1.  # 最小销量
2.  report2018.min()
```

代码输出：

```
16.718216732001412
```

max()和 min()方法并不能给我们提供销量最大和最小的月份信息，这里就需要使用 idmax()

和 idmin() 了。

```
1.  # 最大销量月份
2.  report2018.idxmax()
```

代码输出：

```
'Feb'
```

```
1.  # 最小销量月份
2.  report2018.idxmin()
```

代码输出：

```
'Dec'
```

我们也可以通过 mean() 和 median() 来计算所有销量的平均值和中间值。

```
1.  # 销量平均值
2.  report2018.mean()
```

代码输出：

```
65.06906127631396
```

```
1.  # 销量中间值
2.  report2018.median()
```

代码输出：

```
76.79299159021134
```

在数据处理中常常会进行排序。

```
1.  # 升序
2.  report2018.sort_values()
```

代码输出：

```
Dec     16.718217
Jul     23.070690
Oct     28.890715
Apr     52.010108
Jan     67.088292
Nov     74.885046
Aug     78.700938
May     80.149402
Jun     86.732758
Sep     86.797961
Mar     90.778478
Feb     95.006132
dtype: float64
```

默认情况下会使用升序排列，通过 sort_values() 的 ascending=False 参数可以实现降序排列，默认参数为 ascending=True。

```
1.  # 降序
2.  report2018.sort_values(ascending=False)
```

代码输出：

```
Feb    95.006132
Mar    90.778478
Sep    86.797961
Jun    86.732758
May    80.149402
Aug    78.700938
Nov    74.885046
Jan    67.088292
Apr    52.010108
Oct    28.890715
Jul    23.070690
Dec    16.718217
dtype: float64
```

如果觉得小数点后面的位数太多了，可以使用 round(n)方法来进行四舍五入，方法中的 n 为保留的小数位数。

```
1.  # 保留指定位数
2.  report2018.round(2)
```

代码输出：

```
Jan    67.09
Feb    95.01
Mar    90.78
Apr    52.01
May    80.15
Jun    86.73
Jul    23.07
Aug    78.70
Sep    86.80
Oct    28.89
Nov    74.89
Dec    16.72
dtype: float64
```

代码 5-4 中我们通过 Python 字典创建了一个 Series。

```
1.  s
```

代码输出：

```
a    1
b    3
```

```
c    5
d    7
e    9
f    3
g    7
h    7
dtype: int64
```

这个 Series 中有一些重复的数据，通过 Series 的 unique() 可以帮助我们消除重复的数据。

```
1.  # 去除重复数据
2.  s.unique()
```

代码输出：

```
array([1, 3, 5, 7, 9], dtype=int64)
```

我们还可以通过 value_counts() 来统计数据出现的次数。

```
1.  # 统计数据次数
2.  s.value_counts()
```

代码输出：

```
7    3
3    2
5    1
9    1
1    1
dtype: int64
```

5.2.4 方法串联

到目前为止，我们对 Series 进行的很多操作都不会改变原始的 Series，在操作完成之后通常会返回新的 Series 对象。因此，我们可以继续在新的 Series 对象上进行操作，通过这种方式把 Series 的方法串联起来。

例如，现在我们需要输出销量排名前 3 的月份，并且将销售数据保留 1 位小数。

```
1.  report2018.sort_values(ascending=False).head(3).round(1)
```

代码输出：

```
Feb    95.0
Mar    90.8
Sep    86.8
dtype: float64
```

在上面的代码中，先用 sort_values() 对 report2018 进行降序排列，然后该方法会返回一个新的 Series 对象。接着使用一个新的方法 head(n)，该方法会返回 Series 列表中的前 n 条数据。因此 head(3) 会返回前 3 个数据。最后再使用 round() 方法进行四舍五入操作，完成上面的需求。

 笔记栏

Series 的 head(n)方法用来返回 Series 中的前 n 条数据。与之相反的是 tail(n)方法，它会返回后面的 n 条数据。

5.2.5　操作 Series 中的字符串数据

在前面的 Series 实例中，保存的数据都是数字。而 Series 也可以保存字符串类型的数据，对于字符串类型的数据，Series 可以进行哪些操作呢？

先创建一个含有字符串数据的 Series。

```
1.  str_series = pd.Series(['a quick FOX', 'jumps over', 'the lazy Dog'])
2.  str_series
```

代码输出：

```
0     a quick FOX
1      jumps over
2    the lazy Dog
dtype: object
```

对字符串进行大小写转换。

```
1.  # 转换为大写
2.  str_series.str.upper()
```

代码输出：

```
0     A QUICK FOX
1      JUMPS OVER
2    THE LAZY DOG
dtype: object
```

```
1.  # 转换为小写
2.  str_series.str.lower()
```

代码输出：

```
0     a quick fox
1      jumps over
2    the lazy dog
dtype: object
```

```
1.  # 字符串首字母大写
2.  str_series.str.capitalize()
```

代码输出：

```
0     A quick fox
1      Jumps over
2    The lazy dog
```

dtype: object

```
1.  # 字符串中每个单词首字母大写
2.  str_series.str.title()
```

代码输出：

```
0     A Quick Fox
1     Jumps Over
2     The Lazy Dog
dtype: object
```

我们还可以通过 contains()方法来检查是否包含某字符串。

```
1.  str_series.str.contains('fox',case=False)
```

代码输出：

```
0     True
1     False
2     False
dtype: bool
```

通过 contains()方法的 case 参数来控制在检查时是否区分大小写。当然对字符串的替换也是可以的。

```
1.  str_series.str.replace('o', '0',case=False)
```

代码输出：

```
0     a quick F0X
1     jumps 0ver
2     the lazy D0g
dtype: object
```

有时还需要把字符串进行拆分。

```
1.  str_series.str.split()
```

代码输出：

```
0     [a, quick, FOX]
1     [jumps, over]
2     [the, lazy, Dog]
dtype: object
```

这些操作字符串的方法其实与 Python 字符串处理方法的功能是一致的，有些可以说是完全相同的。因此在使用过程中可以结合 Python 字符串处理的逻辑来进行。

5.2.6 小结一下 Series

通过学习，我们了解了很多关于 Series 的属性和方法，现在已经能够对 Series 进行基本的操作了。我们对 Series 常用的属性和方法进行总结，见表 5-2。

表 5-2

属性/方法	作　用
Series.index	获取索引，通过 list(Series.index)方法强制转换成列表
Series.values	获取数据，通过 list(Series.values)方法强制转换成列表
Series.iloc[ ]	通过数值索引来访问 Series，有两种：使用切片方式，Series[m:n]；指定数字索引方式，Series[[1,2,3]]
Series.loc[ ]	与 iloc[]类似，参数使用标签索引
Series.sum()	对 Series 中所有数据进行求和
Series.max(),Series.min() Series.mean(),Series.median()	获取 Series 中数据最大值/最小值/平均值/中间值，仅限于数字
Series.idmax(),Series.idmin()	获取 Series 中数据最大值/最小的值的标签
Series.head(n), Series.tail(n)	获取 Series 指定数量的前/后列，默认值为 5
Series.sort_index(), Series.sort_values()	对 Series 的索引/数据进行排序，通过 ascending=True/False 参数来控制升/降序
Series.unique()	获取 Series 中的唯一值
Series.value_counts()	统计 Series 中数值出现的次数

表 5-2 中只列出了 Series 常用的一些属性和方法，但这只是冰山一角，如果希望对 Series 的属性和方法进一步学习，可以参考 Pandas 的官方网站上关于 Series 属性和方面的网页：https://pandas.pydata.org/pandas-docs/stable/reference/series.html。

Series 从维度上看，只能保存一种维度的数据，如前面的 2018 年的销售报表。但对于 2016 年和 2017 年的销量报表，Series 是不能同时处理的，除非用 3 个 Series 来分开处理。这是因为这种数据具有两种维度：年份和月份。对于这种类型的数据保存，需要使用 Pandas 的 DataFrame 数据结构。

5.3　DataFrame

在开始介绍 Series 时，我们提到过 Series 是一种带有标签的一维数组，而 DataFrame 在 Series 的基础上多了一维，是一种带有列标签的二维数组，如图 5-3 所示。把具有相同 index 的 Series 合并成带有列标签的数据结构，这种数据结构就是 DataFrame。图 5-3 中分别使用 x 和 y 作为列标签来表示两个 Series 的数据。当然 DataFrame 可以拥有更多的行和列来处理复杂的数据，这种结构和 Office 中的 Excel 很像。Excel 可以看作把整数标签作为 index，大写英文字母作为列标签的 DataFrame。

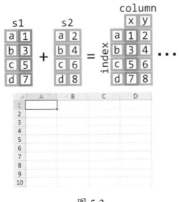

图 5-3

5.3.1 创建 DataFrame

既然 DataFrame 是一种类似二维数组的结构，因此可以通过二维数组来创建 DataFrame。要创建二维数组，还需要 Numpy 帮忙。

```
1.   array_2d = np.random.rand(2,3)
2.   print(array_2d)
3.   df = pd.DataFrame(array_2d)
4.   df
```

代码输出：

```
[[0.64160591 0.07631218 0.21516123]
 [0.56360537 0.37241182 0.59646339]]
```

	0	1	2
0	0.641606	0.076312	0.215161
1	0.563605	0.372412	0.596463

首先我们使用 random.rand() 生成了一个 2×3 的数组，保存在 array_2d 变量里，然后把 array_2d 传递给 pd.DataFrame() 方法，创建了一个简单的 DataFrame。DataFrame() 方法给创建的 df 默认加了 index(0,1) 和 columns(0,1,2)。当然，我们可以自己设定 index 和 columns。

```
1.   simple_df = pd.DataFrame(np.random.randint(1,10,(3,4)),
2.                    index=list("123"),
3.                    columns=list("ABCD"))
4.   simple_df
```

代码输出：

	A	B	C	D
1	1	4	1	7
2	2	8	7	8
3	4	1	6	1

我们通过 Numpy 生成了一个 3 行 4 列的二维数组。同时根据数据的维度，分别设置了对应的 index 和 columns。最后代码的输出很有 Excel 的即视感，这也是为什么要把 DataFrame 与 Excel 进行对比的原因。

DataFrame 还可以通过 Series 来创建。要注意的是，Series 只有索引 index（行标签），但没有 columns（列标签），所以我们要通过某种方式来增加列标签。Python 里的字典是很好的一种方法。

```
1.   s1 = pd.Series([1,3,5])
2.   s2 = pd.Series([3,2,-1])
3.   s3 = pd.Series([4,8,2,])
```

```
4.
5.  data = {
6.      "a": s1,
7.      "b": s2,
8.      "c": s3
9.  }
10.
11. series_to_df = pd.DataFrame(data)
12. series_to_df
```

代码输出：

	a	b	c
0	1	3	4
1	3	2	8
2	5	-1	2

在代码 5-8 中，首先创建了 3 个 Series，然后使用 3 个 Series 创建了一个 data 的字典。字典的 abc 3 个 key 分别对应 3 个 Series。最后使用 pd.DataFrame()方法，传入 data 作为参数，创建了一个 DataFrame。该 DataFrame 的每列数据分别对应 3 个 Series，而每列的标签则对应字典里的 key。当然，我们没有指定 index，所以 index 默认从 0 开始编号。

5.3.2 对齐

在代码 5-8 中，3 个 Series 都具有相同的长度，如果用来创建 DataFrame 的 Series 长度不一致，会发生什么？

代码 5-9

```
1.  s1 = pd.Series([1,3,5], index=list("abc"))
2.  s2 = pd.Series([3,2,-1,4], index=list("abcd"))
3.  s3 = pd.Series([4,8], index=list("ab"))
4.
5.  data = {
6.      "s1": s1,
7.      "s2": s2,
8.      "s3": s3
9.  }
10.
11. aligned_df = pd.DataFrame(data)
12. aligned_df
```

代码输出：

	s1	s2	s3
a	1.0	3	4.0
b	3.0	2	8.0
c	5.0	-1	NaN
d	NaN	4	NaN

在代码 5-9 中，创建了 3 个不同长度的 Series，并依次设置了 index。然后使用和前面相同的方法创建了一个名为 aligned_df 的 DataFrame。将其输出之后，发现 aligned_df 的 index 是和最长的 Series(s2)一致，而那些比 s2 短的 Series 对应 index 下面的值被自动填上了 NaN。NaN 在 Pandas 中表示空值。

在使用 Series 创建 DataFrame 时，Pandas 可以根据 Series 的索引来对齐（alignment）Series 中的数据。对于缺失数据，Pandas 会进行自动填补。填补的依据是根据 index 索引或 columns 索引来进行的，这是理解 alignment 比较关键的地方，接着看下面的例子。

代码 5-10

```
1.  s1 = pd.Series([1,3,5], index=list("abc"))
2.  s2 = pd.Series([3,2,-1,4], index=list("abcd"))
3.  s3 = pd.Series([4,8], index=list("ba"))
4.
5.  data = {
6.      "s1": s1,
7.      "s2": s2,
8.      "s3": s3
9.  }
10.
11. aligned_df = pd.DataFrame(data)
12. aligned_df
```

代码输出：

	s1	s2	s3
a	1.0	3	8.0
b	3.0	2	4.0
c	5.0	-1	NaN
d	NaN	4	NaN

代码 5-10 与代码 5-9 类似，唯一的区别就是对 s3 中的 index 顺序进行了更换。创建出的 DataFrame 依然使用最长 Series 的 index 作为自己的 index，对缺失的数据使用 NaN 进行填补。而 DataFrame 的第 3 列 s3，它的数据顺序与创建 s3 时的索引是匹配的：s3["b"]=4.0，s3["a"]=8.0。

Pandas 能够根据 index 把对应的数据对齐，再按照 index 排序来显示。

5.3.3 了解 DataFrame

DataFrame 可以看作由多个 Series 组成的一个具有二维结构的表，在前面学习 Series 时，我们可以通过 Python 列表和字典的方式来访问 Series 中的数据。我们通过什么方式对 DataFrame 进行访问呢？可以先创建一个 DataFrame。

```
1.  mydf = pd.DataFrame([[1,2,3],
2.                       [4,5,6],
3.                       [7,8,9]],
4.                       index=list("123"),columns=list("ABC"))
```

```
5.  mydf
```

代码输出：

	A	B	C
1	1	2	3
2	4	5	6
3	7	8	9

在上面的代码中，我们直接通过一个二维数组创建了一个 DataFrame 名赋值给 mydf，同时指定了行索引和列索引。对于 mydf，我们可以使用 mydf ["A"]来获取 A 列，或者使用 mydf[["A","C"]]来获取 A 和 C 列，而这种方法与 Series 类似。

```
1.  mydf["A"]
```

```
1    1
2    4
3    7
Name: A, dtype: int64
```

```
1.  mydf[["A","C"]]
```

代码输出：

	A	C
1	1	3
2	4	6
3	7	9

这里有个比较重要的问题要注意，上面两个方法获取的数据是不同的类型。

```
1.  a = mydf["A"]
2.  ac = mydf[["A","C"]]
3.  print(type(a))
4.  print(type(ac))
```

代码输出：

```
<class 'pandas.core.series.Series'>
<class 'pandas.core.frame.DataFrame'>
```

mydf["A"]只选择了 DataFrame 中的一列，返回的是一个 Series。而 mydf[["A","C"]]选择的是 DataFrame 中的两列，返回的是一个新的 DataFrame。

对于 DataFrame，还可以使用下面的方法来获取单列数据。

```
1.  mydf.B
```

代码输出：

```
1    2
2    5
```

```
3    8
Name: B, dtype: int64
```

　　直接通过 DataFrame 变量名把列名作为属性，也可以获取对应的列。由于获取单列数据返回的是 Series，那么表 5-2 所示的方法可以应用在 DataFrame 的列上。如果要获取 DataFrame 中的所有数据，可以使用 values 属性。

```
1.  mydf.values
```

　　代码输出：

```
array([[1, 2, 3],
       [4, 5, 6],
       [7, 8, 9]], dtype=int64)
```

　　DataFrame 也可以使用一些与 Series 类似的属性和方法。

```
1.  # 获取行索引
2.  print(mydf.index)
3.  print(list(mydf.index))
```

　　代码输出：

```
Index(['1', '2', '3'], dtype='object')
['1', '2', '3']
```

　　由于 DataFrame 增加了列的概念，所以可以使用 columns 来获取。根据 columns 属性的返回值可以看出，DataFrame 中的列也是一种索引。

```
1.  # 获取列索引
2.  print(mydf.columns)
3.  print(list(mydf.columns))
```

　　代码输出：

```
Index(['A', 'B', 'C'], dtype='object')
['A', 'B', 'C']
```

　　通过 DataFame 的索引长度，我们可以知道它的大小。但用它提供的 shape 属性来获取会更方便。

```
1.  # 获取DataFrame 的大小
2.  print(mydf.shape)
3.  print(len(mydf.index))
4.  print(len(mydf.columns))
```

　　代码输出：

```
(3, 3)
3
3
```

　　DataFrame 不能像 Series 那样，使用数组下标来访问其中的数据，但它可以使用 iloc 来实现该功能。

```
1.  # 通过下标来访问数据
2.  mydf.iloc[0]
```

代码输出：

```
A    1
B    2
C    3
Name: 1, dtype: int64
```

```
1.  mydf.iloc[0:2]
```

代码输出：

	A	B	C
1	1	2	3
2	4	5	6

iloc 可以用 Python 列表的切片形式，而它返回的是指定范围的数据组成的新 DataFrame。

5.3.4　常用 DataFrame 操作

像 Series 一样，DataFrame 也提供了很多方法来操作它的数据。对于 DataFrame 的每一列数据可以当作一个 Series，此时 Series 的属性和方法都可以应用到 DataFrame 的列中。但由于 DataFrame 本身在数据维度上比 Series 多了一个，所以在有些方法的使用上还是和 Series 有一定的区别。

首先重新创建一个 DataFrame。

代码 5-11

```
1.  newdf = pd.DataFrame([[1,2,3,4],
2.                        [4,5,6],
3.                        [7,8]],
4.                        index=list("123"),columns=list("ABCD"))
5.  newdf
```

代码输出：

	A	B	C	D
1	1	2	3.0	4.0
2	4	5	6.0	NaN
3	7	8	NaN	NaN

上面创建的 DataFrame 有些缺失的数据，会被自动填补 NaN。

（1）关于 axis

axis 的中文意思是轴，单纯从名字上来看比较抽象。可以把它与维度联系起来，Series 只有一个轴。而 DataFrame 有两个维度，因此有两个轴，如图 5-4 所示。

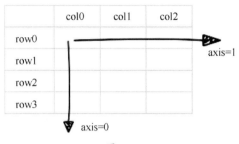

图 5-4

前面我们讲解过使用 Series.max() 方法获取 Series 数据最大值，Series 在使用 max() 方法时，由于 Series 只有一个轴，所以数据比较默认在该轴上进行。但对于 DataFrame，它拥有两个轴，在使用 max() 方法时，会有不同的效果。

```
1.  newdf.max()
```

代码输出：

```
A    7.0
B    8.0
C    6.0
D    4.0
dtype: float64
```

下面给 max() 加一个参数。

```
1.  newdf.max(axis=0)
```

代码输出：

```
A    7.0
B    8.0
C    6.0
D    4.0
dtype: float64
```

两个代码的输出结果是一样的，这是因为对 DataFrame 使用 max() 方法时，默认使用的是 axis=0。当我们把参数换成 axis=1 时，会发现使用不同参数输出是不一致的，如图 5-5 所示。

```
1.  newdf.max(axis=1)
```

代码输出：

```
1    4.0
2    6.0
3    8.0
dtype: float64
```

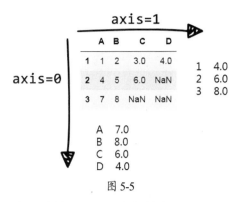

图 5-5

在图 5-5 中，DataFrame 有两个轴：沿行方向的轴为 axis=0，而沿列方向的轴为 axis=1。

针对 max()方法，当 axis=0 时，会沿行方向（向下）选出每列的最大值。当 axis=1 时，会沿列方向（向右）选出每行的最大值。这种行为也会影响 DataFrame 中类似的方法，如 sum()方法。

```
1.  newdf.sum(axis=0)
```

代码输出：

```
A    12.0
B    15.0
C     9.0
D     4.0
dtype: float64
```

```
1.  newdf.sum(axis=1)
```

代码输出：

```
1    10.0
2    15.0
3    15.0
dtype: float64
```

sum()中 axis 参数对结果的影响和 max()一样，axis=0，沿行方向对每列求和；axis=1，沿列方向对每行求和。

（2）数学运算

DataFrame 可以对自己存储的数据进行数学运算，在进行数学运算时，axis 并不会影响运算的结果。

```
1.  mydf + 100
```

代码输出：

	A	B	C
1	101	102	103
2	104	105	106
3	107	108	109

```
1.  mydf > 4
```

代码输出：

	A	B	C
1	False	False	False
2	False	True	True
3	True	True	True

DataFrame 支持表 5-3 中的数学运算。

表 5-3

算术运算	+, -, *, /, %
逻辑运算	>, <, >=, <=, ==, !=

（3）处理异常数据

在进行数据分析时，不可避免地在数据中出现空值或误值的情况。通常 DataFrame 会对空值使用 NaN 来进行填补。根据需要，我们也可以替换这些空值。

```
1.  # 填充数值
2.  newdf.fillna(0)
```

代码输出：

	A	B	C	D
1	1	2	3.0	4.0
2	4	5	6.0	0.0
3	7	8	0.0	0.0

```
1.  # 填充文本
2.  filled_df = newdf.fillna("无")
3.  filled_df
```

代码输出：

	A	B	C	D
1	1	2	3	4
2	4	5	6	无
3	7	8	无	无

当然，对于不适合的数据，也可以进行替换。

```
1.  replaced_df = filled_df.replace('无',0)
2.  replaced_df
```

代码输出：

	A	B	C	D
1	1	2	3.0	4.0
2	4	5	6.0	0.0
3	7	8	0.0	0.0

如果仔细观察则会发现在上面的 DataFrame 中，A、B 和 C、D 列的数据格式不一样，通过 dtypes 可以将数据类型输出。

```
1.  replaced_df.dtypes
```

代码输出：

```
A       int64
B       int64
C     float64
D     float64
dtype: object
```

在进行异常数据处理时，会转换被处理所在列的数据类型。如果需要统一数据类型，则可以使用 astype()方法进行转换。

```
1.  replaced_df.astype('int64')
```

代码输出：

	A	B	C	D
1	1	2	3	4
2	4	5	6	0
3	7	8	0	0

5.3.5　数据的导入与导出

Pandas 作为一个数据分析工具，使用外部数据或将已经生成的数据导出是一个基本功能。在代码 5-5 中，我们通过 Numpy 和 Series 生成了一个示例销售报表。现在我们通过 DataFrame 来生成多个年份的销售报表。

代码 5-12

```
1.  import calendar
2.  
3.  # 生成英文月份
4.  index = [calendar.month_abbr[i] for i in range(1,13)]
5.  # 生成12 行 3 列的数据，每一列代表每年的1—12 月的销量
6.  data = np.random.uniform(10,100,(12,3))
7.  report = pd.DataFrame(data, index=index,
8.                        columns=["2016","2017","2018"])
9.  report
```

代码输出：

	2016	2017	2018
Jan	14.752834	12.883294	99.068901
Feb	66.206889	54.555988	62.971128
Mar	68.705195	62.587346	46.026256
Apr	81.811840	89.832935	15.327924
May	96.798197	89.351759	22.165414
Jun	20.843680	15.712365	68.215107
Jul	52.830681	99.890748	45.693607
Aug	89.628446	13.476791	52.143965
Sep	84.388033	79.534706	77.327149
Oct	62.500826	33.752225	83.295363
Nov	52.238218	49.259602	58.164529
Dec	18.697599	65.839315	20.359054

当我们想把报表导出时，Pandas 给我们提供了非常方便的导出数据的方法。

```
1.  # 导出为 csv 文件
2.  report.to_csv("report.csv")
```

导入的 report.csv 通过 Excel 打开，如图 5-6 所示。

	A	B	C	D
1		2016	2017	2018
2	Jan	14.75283	12.88329	99.0689
3	Feb	66.20689	54.55599	62.97113
4	Mar	68.7052	62.58735	46.02626
5	Apr	81.81184	89.83293	15.32792
6	May	96.7982	89.35176	22.16541
7	Jun	20.84368	15.71237	68.21511
8	Jul	52.83068	99.89075	45.69361
9	Aug	89.62845	13.47679	52.14397
10	Sep	84.38803	79.53471	77.32715
11	Oct	62.50083	33.75223	83.29536
12	Nov	52.23822	49.2596	58.16453
13	Dec	18.6976	65.83932	20.35905

图 5-6

csv 是一种可以用普通文本编辑器打开的文件，当然也可以导出为 Excel 格式，如图 5-7 所示。

	A	B	C	D
1		2016	2017	2018
2	Jan	14.75283	12.88329	99.0689
3	Feb	66.20689	54.55599	62.97113
4	Mar	68.7052	62.58735	46.02626
5	Apr	81.81184	89.83293	15.32792
6	May	96.7982	89.35176	22.16541
7	Jun	20.84368	15.71237	68.21511
8	Jul	52.83068	99.89075	45.69361
9	Aug	89.62845	13.47679	52.14397
10	Sep	84.38803	79.53471	77.32715
11	Oct	62.50083	33.75223	83.29536
12	Nov	52.23822	49.2596	58.16453
13	Dec	18.6976	65.83932	20.35905

图 5-7

```
1.  # 导出为 xls 文件
2.  report.to_excel("report.xls")
```

上面两种导出的方法，如果只指定文件名，则文件会保存在和当前 ipynb 文件所在的相同目录中。

现在我们已经创建并导出了数据文件，下面尝试把它们导入。

```
1.  pd.read_csv('report.csv')
```

代码输出：

	Unnamed: 0	2016	2017	2018
0	Jan	14.752834	12.883294	99.068901
1	Feb	66.206889	54.555988	62.971128
2	Mar	68.705195	62.587346	46.026256
3	Apr	81.811840	89.832935	15.327924
4	May	96.798197	89.351759	22.165414
5	Jun	20.843680	15.712365	68.215107
6	Jul	52.830681	99.890748	45.693607
7	Aug	89.628446	13.476791	52.143965
8	Sep	84.388033	79.534706	77.327149
9	Oct	62.500826	33.752225	83.295363
10	Nov	52.238218	49.259602	58.164529
11	Dec	18.697599	65.839315	20.359054

在上面的代码中，report.csv 虽然被成功导入，但原来导出之前的 DataFrame 的 index 被当成了一列数据。通过 index_col=n 参数可以纠正这个问题，index_col=n 表示把文件里的第 n 列作为 index。注意列号是从 0 开始的。

```
1.  pd.read_csv("report.csv", index_col=0)
```

代码输出：

	2016	2017	2018
Jan	14.752834	12.883294	99.068901
Feb	66.206889	54.555988	62.971128
Mar	68.705195	62.587346	46.026256
Apr	81.811840	89.832935	15.327924
May	96.798197	89.351759	22.165414
Jun	20.843680	15.712365	68.215107
Jul	52.830681	99.890748	45.693607
Aug	89.628446	13.476791	52.143965
Sep	84.388033	79.534706	77.327149
Oct	62.500826	33.752225	83.295363
Nov	52.238218	49.259602	58.164529
Dec	18.697599	65.839315	20.359054

对于 xls 文件，我们使用的是 read_xls()方法，其参数和 read_csv()方法的参数一致。这里就不做演示了。

在第 4 章的后面，我们抓取了豆瓣电影 Top 250 的数据，并将数据文本处理之后以不同的结构保存在两个的文件里：data.txt 和 data-json.txt，如图 5-8 所示。

data.txt

```
1,肖申克的救赎,9.6,1994,美国,犯罪 剧情,1477
2,霸王别姬,9.6,1993,中国,剧情 爱情
3,这个杀手不太冷,9.4,1994,法国,剧情 动作 犯
4,阿甘正传,9.4,1994,美国,剧情 爱情,1160732
5,美丽人生,9.5,1997,意大利,剧情 喜剧 爱情 占
6,泰坦尼克号,9.4,1997,美国,剧情 爱情 灾难,1
7,千与千寻,9.3,2001,日本,剧情 动画 奇幻,117
8,辛德勒的名单,9.5,1993,美国,剧情 历史 战争
9,盗梦空间,9.3,2010,美国 英国,剧情 科幻 悬疑
10,忠犬八公的故事,9.3,2009,美国 英国,剧情,7
```

data-json.txt

```
{"\u6392\u540d": "1", "\u6807\u9898": "\u8096
{"\u6392\u540d": "2", "\u6807\u9898": "\u9738
"\u8bc4\u8bba": "1095229"}
{"\u6392\u540d": "3", "\u6807\u9898": "\u8fd9
"\u8bc4\u8bba": "1343777"}
{"\u6392\u540d": "4", "\u6807\u9898": "\u963f
{"\u6392\u540d": "5", "\u6807\u9898": "\u7f8e
"\u8bc4\u8bba": "680722"}
{"\u6392\u540d": "6", "\u6807\u9898": "\u6cf0
"1102484"}
```

图 5-8

在 data.txt 中，我们把每个电影的数据整理之后，以英文逗号分隔保存在文件的每一行。而 data-json.txt 的每一行也是一个电影数据，数据使用与 Python 字典类似的 JSON 字符串来保存。

下面我们使用 Pandas 来分别加载这两种类型的数据。首先是 data.txt，可以通过 read_csv() 方法来导入。read_csv()方法有一个 sep 参数，用来指定导入数据的分隔符，通过这个分隔符来决定数据的位置。

```
1.  movie = pd.read_csv("data.txt", sep=",")
2.  movie
```

代码输出：

	1	肖申克的救赎	9.6	1994	美国	犯罪 剧情	1477697
0	2	霸王别姬	9.6	1993	中国	剧情 爱情 同性	1095229
1	3	这个杀手不太冷	9.4	1994	法国	剧情 动作 犯罪	1343777
2	4	阿甘正传	9.4	1994	美国	剧情 爱情	1160732

由于 data.txt 的数据并未指定类似的列名，所以在数据导入之后第一行的数据被自动转换成了列标签。因此，我们需要告诉 Pandas 不同数据所对应的列标签。而 read_csv()方法的 names 参数，就可以解决这个问题。

```
1.  movie = pd.read_csv("data.txt", sep=",",
2.                  names=["排名","标题","评分","年份","国家","标签","评论"])
3.  movie
```

代码输出：

	排名	标题	评分	年份	国家	标签	评论
0	1	肖申克的救赎	9.6	1994	美国	犯罪 剧情	1477697
1	2	霸王别姬	9.6	1993	中国	剧情 爱情 同性	1095229
2	3	这个杀手不太冷	9.4	1994	法国	剧情 动作 犯罪	1343777
3	4	阿甘正传	9.4	1994	美国	剧情 爱情	1160732

names 参数接收的是一个列表，列表的内容需要对应 data.csv 中每一行数据通过分隔符所分隔出来的数据。通过 names 参数，Pandas 在导入类似的数据时就可以自动为数据加上列标签了。

接下来我们尝试导入 data-json.txt 文件，data-json.txt 文件里每一行都是一个 JSON 格式的字符串。而 Pandas 提供了 read_json()方法来读取 JSON 格式的数据，这里要注意的是，如果直接使用 read_json("data-json.txt")来加载 data-json.txt，则该方法会把整个 data-json.txt 里的所有数据当成整个 JSON。但 data-json.txt 里的每一行都是一个单独的 JSON，对于这种情况，我们可以使用 read_json()方法的 lines 参数。lines 参数接收布尔值，False 表示整个文件是一个 JSON，True 表示文件的每一行是一个 JSON。因此，在加载 data-json.txt 时，我们需要给 read_json()指定 lines=True 参数。

```
1.  movie = pd.read_json("data-json.txt",lines=True)
2.  movie
```

代码输出：

	国家	年份	排名	标签	标题	评分	评论
0	美国	1994	1	犯罪 剧情	肖申克的救赎	9.6	1477697
1	中国	1993	2	剧情 爱情 同性	霸王别姬	9.6	1095229
2	法国	1994	3	剧情 动作 犯罪	这个杀手不太冷	9.4	1343777
3	美国	1994	4	剧情 爱情	阿甘正传	9.4	1160732

数据被成功加载进来，但由于 JSON 被转换成字典时的无序性，最后创建的 DataFrame 的列顺序与原始数据可能不一致。

5.4 简单数据分析

现在可以加载外部数据了，结合 Pandas，我们可以利用它们对豆瓣电影 Top 250 的数据进行一系列的数据分析了。

5.4.1 电影评分分布

电影评分分布的统计比较简单，我们需要使用 value_counts()方法来对不同评分的次数进行统计。首先从电影数据的 DataFrame 中选择电影评分所在的列，生成一个新的 Series。然后对这个 Series 使用 value_counts()方法来统计每个评论出现的次数。如果需要的话，还可以通过 sort_index()方法来对评分进行排序。

```
1.  rating_series = movie["评分"].value_counts()
2.  rating = rating_series.sort_index(ascending=False)
3.  rating
```

代码输出：

```
9.6      3
9.5      2
9.4      3
9.3     10
9.2     19
9.1     20
9.0     20
8.9     23
8.8     38
8.7     49
8.6     29
8.5     24
8.4      5
8.3      5
Name: 评分, dtype: int64
```

5.4.2 电影产量趋势

电影产量趋势和电影评分是一样的，也会使用 value_counts()方法，统计每年出产的电影数量。

```
1.  trending_series = movie["年份"].value_counts()
2.  trending = trending_series.sort_index()
3.  trending
```

代码输出：

```
1931      1
1936      1
1939      1
1940      1
1942      1
1950      1
1952      1
1953      2
1954      1
1957      2
...      ...
2008      9
2009      9
2010     14
2011      9
2012      5
2013     10
2014      9
```

```
2015    10
2016     8
2017     4
Name: 年份, Length: 55, dtype: int64
```

 问题来了

问：如果要找出哪一年上映的电影最多，应该怎么做？

答：前面讲过，trending 这个变量也是一个 Series，对它使用 idxmax()方法来查找产量就可以直接找出答案。

5.4.3 评论人数最多的电影

（1）使用 set_index()

要找出评论人数最多的电影，我们需要分几个步骤。首先选出电影标题和评论所在的列，然后生成新的 DataFrame。前面我们讲过使用 idmax()方法可以找出最大数值对应的索引，因此需要把电影标题作为索引，这样才能使用 idmax()方法返回评论人数最多的电影。我们来看一下代码。

代码 5-13

```
1.  # 使用 movie 的两列创建新的 DataFrame
2.  tmp_df = movie[["标题","评论"]]
3.  # 将标题列的数值设置为 tmp_df 的索引
4.  tmp_df = tmp_df.set_index("标题")
5.  # 选出评论所在列，获得一个 Series
6.  comment = tmp_df["评论"]
7.  # 对 Series 使用 idmax()方法获取评论人数最多的电影标题
8.  comment.idxmax()
```

代码输出：

'肖申克的救赎'

在代码 5-13 中，先从 movie 中取"标题"和"评论"两列，组成新的 DataFrame。

```
2.  tmp_df = movie[["标题","评论"]]
```

tmp_df 的内容为：

	标题	评论
0	肖申克的救赎	1385232
1	霸王别姬	1025521
2	这个杀手不太冷	1265642
3	阿甘正传	1091092
...	...	...

在代码第 4 行，我们使用了 DataFrame 的一个新方法 set_index()，将其中一列的数据变成 DataFrame 的索引。

```
4.  tmp_df = tmp_df.set_index("标题")
```

此时 tmp_df 变为：

标题	评论
肖申克的救赎	1385232
霸王别姬	1025521
这个杀手不太冷	1265642
阿甘正传	1091092
…	…

代码的第 6 行，将 tmp_df 的评论所在列取出，获取一个 Series，并赋值给 comment 变量。要记住 comment 的索引此时也是电影标题值。

标题	
肖申克的救赎	1385232
霸王别姬	1025521
这个杀手不太冷	1265642
阿甘正传	1091092
…	…

所以，使用 coment.idxmax()方法，就可以获取评论人数最多的电影标题了。

（2）另一种方法

Pandas 既然有这么多功能，要获取评论人数最多的电影标题肯定不止一种方法。下面讲述一个更简单的方法。

代码 5-14

```
1.  max_index = movie.评论.idxmax()
2.  movie.loc[max_index]
3.  # movie.loc[max_index].标题
```

代码输出：

```
排名            1
标题            肖申克的救赎
评分            9.6
年份            1994
国家            美国
标签            犯罪 剧情
评论            1385232
Name: 0, dtype: object
```

在代码 5-14 中，直接对 movie 中的评论所在列使用 idxmax()方法，获取评论人数最多数据所在行的索引。然后通过 movie.loc 的使用索引来获取评论人数最多电影所在行的所有数据。如果需要获取标题，则直接用 movie.loc[max_index].标题。

5.4.4　发行电影最多的国家

通过观察电影数据 DataFrame 可以发现，有的电影发行国家会有多个，如图 5-9 所示。

	国家	年份	排名	标签	标题
0	美国	1994	1	犯罪 剧情	肖申克的救赎
1	中国	1993	2	剧情 爱情 同性	霸王别姬
2	法国	1994	3	剧情 动作 犯罪	这个杀手不太冷
3	美国	1994	4	剧情 爱情	阿甘正传
4	意大利	1997	5	剧情 喜剧 爱情 战争	美丽人生
5	美国	1997	6	剧情 爱情 灾难	泰坦尼克号
6	日本	2001	7	剧情 动画 奇幻	千与千寻
7	美国	1993	8	剧情 历史 战争	辛德勒的名单
8	美国 英国	2010	9	剧情 科幻 悬疑 冒险	盗梦空间
9	美国 英国	2009	10	剧情	忠犬八公的故事
...	...	...	...	...	...
240	美国	2007	241	冒险 喜剧 剧情	遗愿清单
241	法国 美国 意大利	1988	242	剧情 爱情	碧海蓝天

图 5-9

而在 DataFrame 中,"国家"这一列中保存的数据和"年份""排名"中保存的数据是不同的。可以使用前面讲过的 dtype 属性查看每列中保存的数据类型。

```
1. print(movie["国家"].dtype)
2. print(movie["年份"].dtype)
3. print(movie["排名"].dtype)
```

代码输出:

```
object
int64
int64
```

"年份"和"排名"的数据类型都是 int64,而"国家"的数据类型是 object。在表 5-1 中,我们知道 object 对应 Python 中的字符串。既然是字符串,我们就可以对"国家"这一列的数据进行字符串操作了。

(1)分割字符串

我们知道,通过 Series.str 可以对字符串数据进行操作。这里使用 split()方法,该方法和 Python 字符串的 re.split()方法类似,但也有不同的地方,我们来看一下。

```
Series.str.split(pat=None, n=-1, expand=False)
```

split()方法有 3 个参数:前两个参数和 re.split()方法的参数类似,而第 3 个参数 expand 在这里就起到比较重要的作用了。当 expand=True 时,拆分后的字符会分别存储到不同的列中,也就是 Series.str.split()方法最后返回的结果是一个 DataFrame。而当 expand=False 时,Series.str.split()会返回一个 Series,而 Series 中的数据就是字符串拆分后的列表。如果不指定 expand 值,则默认为 expand=False。

图 5-10 所示是 Series.str.split()方法的 expand 参数设置为 False 或 True 的返回结果对比。

| movie["国家"].str.split() | movie["国家"].str.split(expand=True) |

movie["国家"].str.split()
0   [美国]
1   [中国]
2   [法国]
3   [美国]
4   [意大利]
5   [美国]
6   [日本]
7   [美国]
8   [美国，英国]
9   [美国，英国]
...

	0	1	2	3	4	5
0	美国	None	None	None	None	None
1	中国	None	None	None	None	None
2	法国	None	None	None	None	None
3	美国	None	None	None	None	None
4	意大利	None	None	None	None	None
5	美国	None	None	None	None	None
6	日本	None	None	None	None	None
7	美国	None	None	None	None	None
8	美国	英国	None	None	None	None
9	美国	英国	None	None	None	None
...	...	...	...	...	...	...

图 5-10

在右边返回的 DataFrame 中，一共有 6 列。可以推断出，电影数据中最多的发行国家是 6 个。而对于那些共同发行国家少于 6 个的电影，其他列数据会被 None 填补。

（2）统计

我们可以对每一列的数据使用 value_counts()方法来统计每列中每个国家发行的电影数量。

代码 5-15

```
1.  for col in countries.columns:
2.      print(countries[col].value_counts())
```

代码输出：

```
美国      122
日本       31
中国       14
英国       14
法国        9
韩国        8
意大利       8
德国        5
印度        4
...       ...
```

代码第 1 行的 countries.columns 获取列的索引，然后使用 for 循环来获取 countries 中的所有列，再使用 value_counts()对每列中国家出现的次数进行统计。如图 5-11 所示，我们可以看出每一列进行 value_counts()的输出。

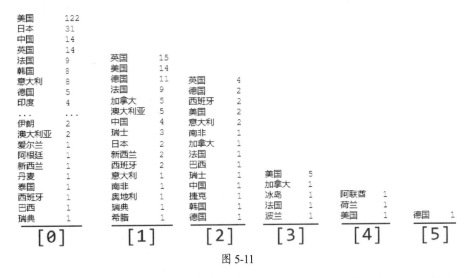

图 5-11

countries[col].value_counts()返回的所有数据都是 Series，而这些 Series 的索引是国家的名称。DataFrame 是可以通过 Series 来创建的，因此我们需要把这些 Series 合并成一个Series。

（3）合并

在代码 5-15 中，for 循环中会得到 6 个 Series（因为 countries 有 6 列）。现在我们可以把这 6个 Sereis 保存在一个列表中，使用 Pandas 的 concat()方法再把它们拼接成一个新的 DataFrame。

代码 5-16

```
1.  series_list = []
2.  for col in countries.columns:
3.      series_list.append(countries[col].value_counts())
4.
5.  new_df = pd.concat(series_list, axis=1, sort=False)
6.  new_df
```

代码输出：

	0	1	2	3	4	5
美国	122.0	14.0	2.0	5.0	1.0	NaN
日本	31.0	2.0	NaN	NaN	NaN	NaN
中国	14.0	4.0	1.0	NaN	NaN	NaN
英国	14.0	15.0	4.0	NaN	NaN	NaN
法国	9.0	9.0	1.0	1.0	NaN	NaN
韩国	8.0	NaN	1.0	NaN	NaN	NaN
意大利	8.0	1.0	2.0	NaN	NaN	NaN
德国	5.0	11.0	2.0	NaN	NaN	1.0
印度	4.0	NaN	NaN	NaN	NaN	NaN
...						

Pandas 的 concat()方法可以把一个 Series 列表，通过某个 axis 来进行对齐并合并。这里axis=1 表示根据列方向进行拼接。最后把每个国家参与发行的电影数量保存在了 my_df 的每一

行中。接下来，只要对每行进行求和，就可以统计我们所需要的数据了。

```
1.  my_df.sum(axis=1)
```

代码输出：

美国	144.0
日本	33.0
中国	19.0
英国	33.0
...	...

在求和方法 sum()中，使用了 axis=1，表示沿着列的方向求和。由于在进行 pandas.concat() 操作时数据被变成了小数，在完成求和之后，需要使用 astype()方法对数据类型进行转换。

```
1.  my_df.sum(axis=1).astype("int64")
```

代码输出：

美国	144
日本	33
中国	19
英国	33
...	...

（4）最终代码

通过把上面的几个步骤结合到一起就可以写出最终的代码。

代码 5-17

```
1.  countries = movie["国家"].str.split(expand=True)
2.  series_list = []
3.  for col in countries.columns:
4.      series_list.append(countries[col].value_counts())
5.
6.  new_df = pd.concat(series_list, axis=1, sort=False)
7.  new_df.sum(axis=1).astype("int64")
```

代码输出：

美国	144
日本	33
中国	19
英国	33
法国	20
韩国	9
意大利	11
德国	19
印度	4
...	...

问题来了

问: 如何统计电影标签?

答: 可以直接把代码 5-17 中的"国家"替换成"标签"。这么简单的原因是: 我们把数据进行了格化处理, 同种类型的数据拥有相同的结构。

5.5 看得见的数据

下面对前面抓取、处理并分析的数据进行数据可视化。数据可视化, 简单来说, 就是把一些看起来比较枯燥的数据转换成图表或更高级的图形形式。通过这些图表或图形, 能够帮助我们对所分析的数据进行理解。

5.5.1 线图

线图 (Line Chart) 是把一系列的数据作为数据点, 在 X 轴、Y 轴中通过线段把这些数据点连接起来所形成成的图形。通常 Y 轴表示数据值, X 轴表示时间序列。因此线图通常用来表示一定时间内的数据发现趋势。

在 5.4.2 节中分析了电影的产量趋势, 现在我们对代码进行一点点改动。

代码 5-18

```
1.  trending_series = movie["年份"].value_counts()
2.  trending = trending_series.sort_index()
3.  trending.plot()
```

直接运行上面的代码, 就会展示 Pandas 真正神奇的功能: 一个漂亮的线图, 如图 5-12 所示。

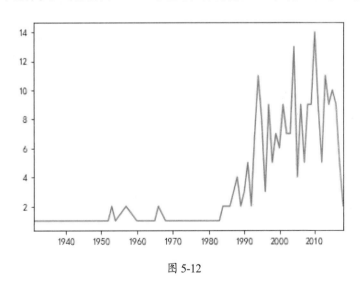

图 5-12

代码只是简单地使用了 trending 变量 plot()方法, Pandas 直接把这个 Series 里存储的数据绘制成了线图。

Pandas 在绘制线图时，实际上使用的是 matplotlib 这个 Python 绘图库。在 5.1 节工具准备中，已经把 matplotlib 导入了。代码 5-1 中第 11 行代码要特别说明一下。

```
10. # 直接在 Notebook 中显示 matplotlib 绘图
11. %matplotlib inline
```

这行代码的作用是保证在 Jupyter Notebook 中调用 matplotlib 来绘制对象时，能够直接在 Jupyter Notebook 中把线图显示出来。默认情况下，plot()方法不会把线图展示出来。

此外，我们还设置了绘图的一些默认参数，如字体及文字大小、绘制的图形大小等。

```
12. # 设置绘图的字体及字体大小
13. matplotlib.rc("font", family="SimHei", size=14)
14. # 设置绘制的图形大小（单位：英寸）
15. matplotlib.rc("figure", figsize=(6, 4))
```

当然，有时需要给线图自定义一些参数。如给线图加一个标题，或者增加 X 轴、Y 轴的标题。这些需要使用 plot()方法的参数，以及它返回的 axis 对象。

代码 5-19

```
1. trending_series = movie["年份"].value_counts()
2. trending = trending_series.sort_index()
3.
4. # 自定义线图参数
5. ax = trending.plot(title="电影产量趋势", figsize=(8,4))
6. ax.set_xlabel("年份")
7. _ = ax.set_ylabel("产量")
8. # 将返回值保存给"_"，禁用最后一行代码的输出
```

在代码 5-19 的第 5 行中，使用了 trending 这个 Series 的 plot()方法，同时通过 title 和 figsize 参数分别指定线图的标题及大小。plot()方法会返回一个 axis 对象，该对象就是前面讲过的轴。对 axis 对象可以使用 set_xlabel()、set_ylabel()来设置线图 X 轴、Y 轴的标题。最后生成的线图如图 5-13 所示。

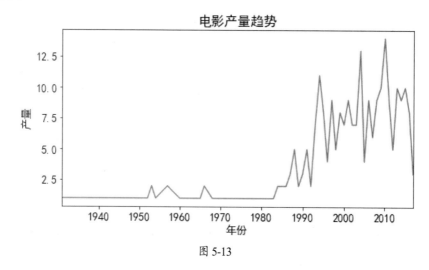

图 5-13

电影产量趋势其实是一个 Series，它表示一个维度的数据，而 DataFrame 表示的数据可以有多个维度，在代码 5-12 中，我们生成了一个报表数据，现在将它绘制出来，查看多维数据的可视化。

代码 5-20

```
1.  import calendar
2.
3.  # 生成英文月份
4.  month = calendar.month_abbr[1:13]
5.
6.  # 生成12行3列的数据，每一列代表每年的1—12月的销量
7.  data = np.random.uniform(10,100,(12,3))
8.  report = pd.DataFrame(data, index=month,
9.                        columns=["2016","2017","2018"])
10. # 自定义线图参数
11. ax = report.plot(title="销售报表", figsize=(8,4))
12. ax.set_xlabel("月份")
13. ax.set_ylabel("销量(百万)")
14. # 设置 X 轴的刻度
15. ax.set_xticks(np.arange(12))
16. # 将每个月的简称对应到每个刻度上
17. # 将返回值保存给"_"，禁用最后一行代码的输出
18. _ = ax.set_xticklabels(month)
```

在代码 5-20 中，我们同样通过 plot()方法，自定义一些参数，获取 axis 对象。除像代码 5-19 中设置 X 轴、Y 轴标题之外，我们还使用了 set_xticks()，设置 X 轴的刻度，由于 X 轴表示一年中的 12 个月，因此用 np.arange(12)生成 12 个刻度。同时调用 set_xticklabels()把前面生成的 12 个月份简称设置到 X 轴上。最后生成的线图如图 5-14 所示。

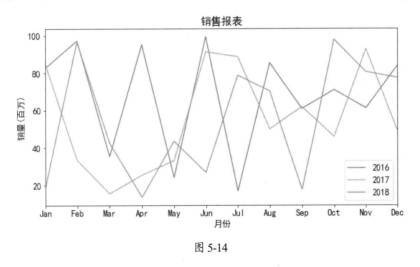

图 5-14

5.5.2 柱状图

柱状图（Bar Chart）与线图类似，只不过柱状图通过柱形来表示数据的值。柱状图通常分

155

为垂直的和水平的两种类型，如图 5-15 所示。

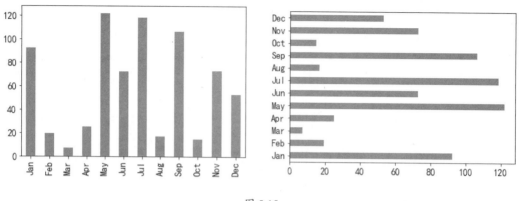

图 5-15

柱状图与线图类似，我们可以直接把代码 5-20 进行一点儿改动就可以生成柱状图。

```
11. ax = report.plot(kind="bar",title="销售报表", figsize=(10,5))
```

在调用 plot()方法时，输入 kind="bar"就可以在不改动其他代码的情况下直接把 report 里的数据生成柱状图，如图 5-16 所示。

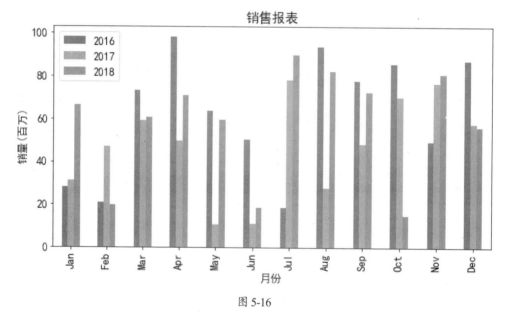

图 5-16

通过将 kind 设置为"barh"就可以将相同的数据生成水平柱状图了。但要注意一点，水平柱状图的 Y 轴会转变成月份，而 X 轴会转变成销量数值。因此设置 X 轴和 Y 轴的代码需要进行调整，结果如图 5-17 所示。

```
1. ax = report.plot(kind="barh",title="销售报表", figsize=(10,5))
2. ax.set_ylabel("月份")
3. ax.set_xlabel("销量(百万)")
4. # 设置 Y 轴的刻度
```

```
5.  ax.set_yticks(np.arange(12))
6.  _ = ax.set_yticklabels(month)
```

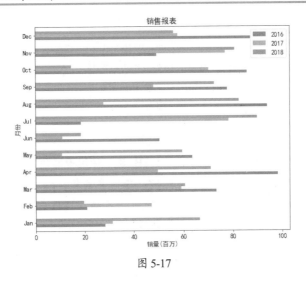

图 5-17

5.5.3　饼图

饼图（Pie Chart），顾名思义，是一个圆形的图表。它把一个系统的数据按比例、通过扇形拼接成一个完整的圆形。饼图通常用来可视化数据的比例。与前面的线图和柱状图不同，饼图只能表示同一种类型的数据。

前面我们统计了电影评分分布的数据，下面通过饼图来可视化各个评分所占的比例，这样可以更方便地显示电影评分分布，如图 5-18 所示。

```
1.  rating = movie["评分"].value_counts()
2.  rating = rating.sort_index(ascending=False)
3.  _ = rating.plot(kind="pie", figsize=(8,8),
4.              title="TOP 250 电影评分分布")
```

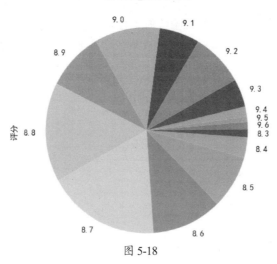

图 5-18

5.6　matplotlib

在 5.5 节中，我们展示了 Pandas 非常便捷的画图功能。通过简单的几行代码，甚至直接调用一个方法，就能够把 Pandas 中的数据直接绘制成图形，这时让枯燥的数据增色不少。而 Pandas 画图的神奇能力要归功于 matplotlib 这个 Python 库。

 知识库

matplotlib 这个名称来自 MATLAB。MATLAB 是一种用于算法开发、数据可视化、数据分析及数值计算的高级技术计算语言和交互式环境。除矩阵运算、绘制函数/数据图像等常用功能外，MATLAB 还可以利用为数众多的附加工具来进行其他不同领域的应用。例如，控制系统设计与分析、图像处理、信号处理与通信、金融建模和分析等。

其实这种将数据转换成图形的过程，就属于数据可视化范畴。数据可视化，英文是 Data Visualization。顾名思义，它借助图形化手段，通过一些点、线、面、表等基本元素，将原始的数据传递的信息更加清晰、有效地表达出来。

5.6.1　绘图方法

matplotlib 提供了两种绘图方法。在代码 5-18 中，直接通过 Series 的 plot()方法，将 Series 中的数据自动生成图形。这种方法称为 pyplot 方法，它会根据 Series 或 DataFrame 中的数据自动生成 Figure 和 Axes 对象，并将 Axes 中的数据绘制在 Figure 上。

而另一种绘图方法叫作 Object-Oriented API（面向对象的 API）。

 知识库

API 是应用程序接口（Application Programming Interface）的英文缩写，这里可以将它理解为一些函数或方法。通过在 Python 代码中使用这些方法，可以实现绘图的功能。

而面向对象是一种编程思想，最简单的例子就是前面学习的 Python 字符串，它是一种对象，并且具有 split()这种方法。我们在创建或获取了字符串对象之后就可以使用 str.split()来实现切割字符串的功能了。

借助 matplotlib 的 Object-Oriented API，我们可以比较方便地定制图形。先来看下 matplotlib 的绘制流程。

代码 5-21

```
1.  import matplotlib.pyplot as plt
2.
3.  x = np.linspace(0, 2, 100)
4.  # 创建 figure 和 axis
5.  fig, ax = plt.subplots()
6.  # 将数据绘制到 ax 中
```

```
7.  ax.plot(x, x**2, label='平方')
8.  ax.plot(x, x**3, label='立方')
9.  # 给ax 增加 X 轴和 Y 轴标签
10. ax.set_xlabel('x 轴')
11. ax.set_ylabel('y 轴')
12. # 添加标题
13. ax.set_title("简单绘制")
14. # 添加图例
15. ax.legend()
16. plt.show()
```

　　在 Anaconda 集成环境中，默认安装了 matplotlib 库，因此只需要在代码中直接引入就可以了（代码 5-21 中引入了 matplotlib.pyplot，并设置别名为 plt）。

　　前面通过对 Numpy 的学习，已经知道 Numpy 库可以帮助我们生成一些随机的数据。在代码 5-21 的第 3 行，我们用到了 Numpy 的一个新方法：linspace()。该方法使用了 3 个参数，前 2 个表示范围，第 3 个表示数量。也就是说，使用 np.linspace(0,2,100)会生成由 0 到 2 之间等分的 100 个小数组成的数组。我们就是根据该数组中的数据来绘制图形的。

　　紧接着代码的第 5 行，调用 plt 的 subplots()方法，它默认返回两个对象：图形（Figure）和轴（Axes）。

```
5.  fig, ax = plt.subplots()
```

　　通过 subplots()方法，matplotlib 会为我们创建一个的空白图形，这个图形保存在 fig 变量中。而这个图形上要绘制的数据，是通过调用 axes 对象的各种方法来完成的。例如，通过 ax.plot(x, x**2, label='平方')将 numpy 生成随机数据填充到图形的 X 轴和 Y 轴，

　　并且通过 label 参数为该数据设置标签。然后通过调用 ax.set_xlabel('x 轴')来设置 X 轴的标签（也就是图形 X 轴上显示的文字），通过 ax.set_title("简单绘制")设置 axes 的标题。最后使用 plt.show()方法将图形显示出来。

　　最终代码 5-21 通过 Object-Oriented API 绘制的图形如图 5-19 所示。

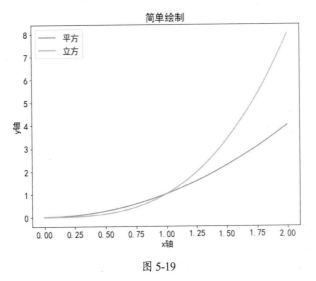

图 5-19

5.6.2　子图形及布局

在代码 5-21 中，我们只绘制了一个图形，但实际上使用了两块数据：x 数组中数据的平方和立方。实际在使用 matplotlib 进行画图时，还可以在空白图形上绘制多个图形，也就是子图形。子图形可以独立拥有一个完成图形的各个组成元素。当然，在一个图形上绘制多个子图形时就会涉及布局问题，而 matplotlib 是怎么解决的？请看代码 5-22。

代码 5-22

```
1.  import matplotlib.pyplot as plt
2.
3.  x = np.linspace(0, 2, 100)
4.  # 创建 figure 和 axes，将 axes 保存到单独的变量
5.  fig, (ax0, ax1, ax2) = plt.subplots(1, 3)
6.
7.  # 将数据绘制到 ax0 中
8.  ax0.plot(x, x)
9.  ax0.set_xlabel('ax0-x 轴')
10. ax0.set_ylabel('ax0-y 轴')
11. ax0.set_title("线性")
12.
13. # 将数据绘制到 ax1 中
14. ax1.plot(x, x**2)
15. ax1.set_xlabel('ax1-x 轴')
16. ax1.set_ylabel('ax1-y 轴')
17. ax1.set_title("平方")
18.
19. # 将数据绘制到 ax2 中
20. ax2.plot(x, x**3)
21. ax2.set_xlabel('ax2-x 轴')
22. ax2.set_ylabel('ax2-y 轴')
23. ax2.set_title("立方")
24.
25. plt.suptitle("1 行 3 列布局")
26. # 使用紧凑布局，防止图形元素重叠
27. plt.tight_layout(2)
28. plt.show()
```

代码输出：

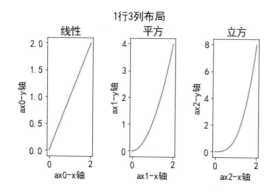

如果我们把代码 5-22 和代码 5-21 进行对比，不难发现，两者的区别主要在生成图形的 subplots()方法的使用上。

```
5.  fig, (ax0, ax1, ax2) = plt.subplots(1, 3)
```

代码 5-22 在使用 subplots()方法时通过前两个参数指定绘制的子图形的布局：行*列。参数 (1,3)表示生成 1 行 3 列的图形。此时，subplots()返回的第 2 个数据会根据 subplots()的参数而不同，当布局只有一行时，subplots()会返回一维数组。因此在代码的第 5 行直接将 3 个 axes 对象分别保存到 ax0、ax1 和 ax2 变量中。

 知识库

matplotlib 的 axes 对象通常对应一个子图形，它包含 X 轴和 Y 轴，可以使用 axes 的方法对子图形进行定制。

接下来的代码就比较简单了，分别对 3 个 axes 对象进行一些数据填充，设置一些图形文本，如 X 轴、Y 轴标题，子标题等。

代码 5-22 的后面，调用 plt.suptitle()和 plt.tight_layout()方法来设置图形的主标题，以及紧凑布局（防止图形元素出现重叠）。

使用 subplots()创建多行多列的布局时，如 fig, axes = subplots(2,2)，axes 就是一个二维数组，我们需要使用访问二维数组方法来获取指定的 axes。axes[0][0]将得到布局中第 1 行第 1 列的 axes 对象，axes[1][0]将得到第 2 行第 1 列 axes 对象。要注意的是，这里的位置是从 0 开始的，和 Python 的列表下标类似。请看代码 5-23。

代码 5-23

```
1.  import matplotlib.pyplot as plt
2.
3.  3x = np.linspace(0, 2, 100)
4.  # 返回的 axes 是一个二维数组
5.  fig, axes = plt.subplots(2, 2)
6.
7.  # 绘制左上角子图形
8.  axes[0][0].plot(x, x)
9.  axes[0][0].set_title("线性")
10.
11. # 绘制右上角子图形
12. axes[0][1].plot(x, x**2)
13. axes[0][1].set_title("平方")
14.
15. # 绘制右下角子图形
16. axes[1][1].plot(x, x**3)
17. axes[1][1].set_title("立方")
18.
19. plt.suptitle("2 行 2 列布局")
20. plt.tight_layout(2)
21. plt.show()
```

代码输出:

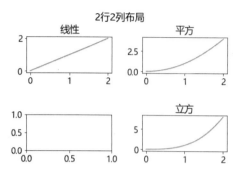

和代码 5-22 类似，只是在访问 subplots() 返回 axes 对象有一点区别。代码 5-23 中绘制是的 2 行 2 列的布局，但由于我们绘制了 3 组数据，所以导致图形的左下角有一个空白的图形。这种情况 matplotlib 当然也会考虑到，因此它给我们提供了 subplot2grid() 方法。

subplot2grid() 方法的布局引入了方格（Grid）的概念，通过它我们像 Excel 的合并单元格一样，对方格进行合并。对于代码 5-23 中左下角的空白图形，我们把它和左上角的子图形进行合并，具体做法我们会在代码 5-24 中进行详细讲解。

代码 5-24

```
1.  import matplotlib.pyplot as plt
2.
3.  x = np.linspace(0, 2, 100)
4.
5.  # 在 2x2 的方格中生成 3 个 axes 对象
6.  axes0 = plt.subplot2grid((2, 2), (0, 0), rowspan=2)
7.  axes1 = plt.subplot2grid((2, 2), (0, 1))
8.  axes2 = plt.subplot2grid((2, 2), (1, 1))
9.
10. # 绘制左边图形
11. axes0.plot(x, x)
12. axes0.set_title("线性")
13.
14. # 绘制右上图形
15. axes1.plot(x, x**2)
16. axes1.set_title("平方")
17.
18. # 绘制右下图形
19. axes2.plot(x, x**3)
20. axes2.set_title("立方")
21.
22. plt.suptitle("2 行 2 列合并布局")
23. plt.tight_layout(2)
24. plt.show()
```

代码输出:

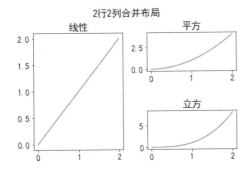

通过生成图形，我们可以大概了解 subplot2grid()方法的作用。下面分析该代码，看它是如何实现的。subplot2grid()方法有几个参数：第 1 个参数是设置图形中子图形布局，它是一个元组 (*m,n*)，表示这个图形上有 *m* 行 n 列；第 2 个参数设置子图形在当前图形布局中的位置，参数也是一个元组(*i,j*)，表示图形布局是 *i* 行 *j* 列。例如，(0,1)表示子图形位于第 1 行第 2 列。

而 subplot2grid()比较特殊的地方是它的 rowspan 和 colspan 参数，这两个参数可以对方格进行合并。这样我们就可以让一个子图在占用多个行或列的位置。代码 5-24 中第 6 行的 subplot2grid()，第 1 个参数表示 axes 所在的图形布局为 2 行 2 列，第 2 个参数表示该 axes 的位置是第 1 行第 1 列。关键是第 3 个参数 rowspan=2，表示生成 axes 对象会跨越 2 行，因此生成 axes 对象会占用第 1 行第 1 列和第 2 行第 1 列的空间。

通过 matplotlib 的 subplot2grid 方法，我们可以灵活地进行图形的布局，生成多样化的图形。

5.6.3　图形大小、颜色和样式

在了解了 matplotlib 的图形布局后，我们可以继续学习对图形上的元素进行样式的调整。在代码 5-1 中，我们对 matplotlib 进行了一些初始化的设置，其中包括图形的大小。

```
14. # 设置绘制的图片大小（单位：英寸）
15. matplotlib.rc("figure", figsize=(6, 4))
```

这是针对后面创建的每个图形所设置的一个默认大小。但对于有些图形，绘制的内容如果比较多，往往会导致内容被压缩，挤在很小的一个图形上。因此，matplotlib 为我们提供了一个可以单独设置图形大小的方法。

```
1. fig, axes = plt.subplots(1, 3, figsize=(8, 6))
```

通过 subplots()方法的 figsize 参数，我们可以创建指定大小的图形。在上面的代码中，创建的图形大小为：8×6（英寸）。

matplotlib 在绘图时，一些设置文本的方法，如 set_title()、set_xlabel()等。在调用它们时传入 color 参数，即可为文本设置颜色。设置颜色时通常通过两种方式：一种是内置颜色的名称，如 red、 green 等；另一种是通过常用的 RGB 来配置，它的格式是#fffff。

 知识库

#ffffff 是 RGB 的十六进制表示方法，一种 6 个数字，范围是 0～9 及 a～f。如#ff00000

表示红色（Red），#00ff00 表示绿色（Green），#0000ff 表示蓝色（Blue）。这也是#ffffff 称为 RGB 表示法的原因。

和 color 参数类似，我们还可以通过 fontsize 来单独设置字体的大小。对于线图，matplotlib 的 plot()方法还提供了 linestyle 参数来设置线条样式，常用的线条样式包括"solid" "dotted" "dashed" "dashdot"。

下面我们通过完整的代码来演示 matplotlib 对图形的大小、颜色和样式的设置。

代码 5-25

```
1.  import matplotlib.pyplot.as plt
2.  # 设置系统中存在的字体
3.  matplotlib.rc("font", family="Microsoft YaHei", size=16)
4.
5.  # 创建图形时设置图形大小
6.  fig,axes = plt.subplots(2,2, figsize=(8, 6))
7.
8.  x = np.arange(1,10)
9.
10. axes[0][0].plot(x,x*x, color="blue", linestyle="dotted")
11. axes[0][0].set_title('平方', color="green")
12. axes[0][0].set_xlabel("X轴", color="blue")
13.
14. axes[0][1].plot(x,np.sqrt(x), color="#00FF00")
15. axes[0][1].set_title('平方根')
16.
17. axes[1][0].plot(x,np.exp(x))
18. axes[1][0].set_title('指数', fontsize=40)
19. axes[1][0].set_ylabel("Y轴", color="limegreen", fontsize=20)
20.
21.
22. axes[1][1].plot(x,np.log10(x), linestyle="dashed")
23. axes[1][1].set_title('对数', color="#FF0000")
24.
25. plt.suptitle("数学的线条", fontsize=30)
26. plt.tight_layout(3)
27. plt.show()
```

代码输出：

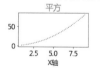

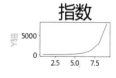

代码 5-25 创建了一个 2×2 的图形，这种创建方式将会返回 4 个 axes 对象。但这 4 个对象和代码 5-22 中创建 1×3 不同，它们会被保存在一个二维数组中，因此代码中会使用 axes[0][0] 这种方式来使用 axes 对象。

从代码 5-25 中的方法调用来看，基本所有的方法都支持 color 参数来设置颜色。对于一些文本图形元素，像 X 轴、Y 轴文本，子标题等可以通过 fontsize 来设置字体大小。而 linestyle 通常只应用在 plot() 的参数中。

5.7 画一张图来结尾

好了，通过对 matplotlib 的学习，加上前面的文本数据抓取、处理的数据，我们可以绘制一张漂亮的图来结束 Python 应用实战之旅了。

图 5-20 结合了前面分析豆瓣电影 TOP250 的数据，使用 matplotlib 的饼图、柱状图和线图，把数据中一些信息使用可视化的方式展示出来。

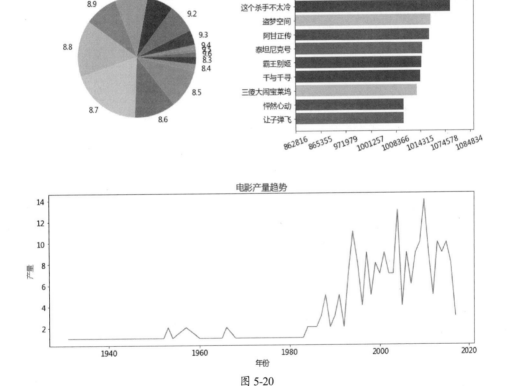

图 5-20

代码 5-26

```
1.  import matplotlib.pyplot as plt
2.  matplotlib.rc("font", family="Microsoft YaHei", size=14)
3.
4.  # 从前面保存的电影数据文件中加载数据
```

```
5.  movie = pd.read_json("data-json.txt",lines=True)
6.
7.  # 设置图形布局
8.  fig, axes = plt.subplots(2, 2, figsize=(14, 12))
9.  axes0 = plt.subplot2grid((2, 2), (0, 0))
10. axes1 = plt.subplot2grid((2, 2), (0, 1))
11. axes2 = plt.subplot2grid((2, 2), (1, 0), colspan=2)
12.
13.
14. rating = movie["评分"].value_counts()
15. rating = rating.sort_index(ascending=False)
16. axes0.pie(rating.values, labels=rating.index)
17. axes0.set_title("电影评分分布", color="darkgreen")
18.
19.
20. # 参考代码 5-13
21. tmp_df = movie[["标题","评论"]]
22. # 将标题列的数值设置为 tmp_df 的索引
23. tmp_df = tmp_df.set_index("标题")
24. # 选出评论所在列，获得一个 Series
25. comment = tmp_df["评论"]
26. sorted_series = comment.sort_values(ascending=False)
27. # 获取评论最多的前 10 条数据
28. series = sorted_series[:10]
29. # 将 series 的 index 和 values 作为 X 轴、Y 轴的数据绘制到 axes 中
30. # 并通过 color 参数配置柱状图的颜色数组
31. axes1.barh(series.index, series.values, color=["green", "red", "lime", "blue", "crimson"])
32. axes1.set_title("评论数排名前 10 电影", color="darkgreen")
33. axes1.set_xticklabels(sorted(series.values), rotation=20)
34.
35.
36. trending_series = movie["年份"].value_counts()
37. trending = trending_series.sort_index()
38. # trending 是比较标准 series，索引是年份，数据是产量
39. # 直接使用 axes 的 plot() 方法就可以绘制线图
40. axes2.plot(trending)
41. axes2.set_title("电影产量趋势", color="darkgreen")
42. axes2.set_xlabel("年份")
43. axes2.set_ylabel("产量", color="red")
44.
45. plt.suptitle("豆瓣电影 TOP250 分析", fontsize=20)
46. plt.tight_layout(4)
```

在代码 5-26 中，一共绘制了 3 个子图形，每个子图形都使用了我们前面处理过的数据。要注意的是，每个子图形都使用了一种数据，也就是说，在进行绘制之前，我们需要将数据处理成 Pandas 中的 Series 类型。例如，在处理评论数排名时，我们首先将 movie 的"标题"所在列作为索引（代码 5-26 第 23 行）；然后取出"评论"这一列，得到名为 comment 的 Series（代码 5-26 第 25 行）；再继续对 comment 进行排序；最后通过 sorted_series[:10]来获取评论数最多的前

10 个电影。

在获取所需数据后，通过 axes 对象的 barh()方法，把 Series 的索引和值，分别绘制到 axes 图形上，画出一个水平柱状图。

绘制评分分布图时也是同样的道理，使用 rating 变量的数值作为饼图的数据，而将 rating 的索引作为饼图的标签进行绘制。

电影产量趋势是一个比较标准的数据，索引为年份，数据是产量，直接使用 axes 的 plot() 方法就可以绘制出线图。

 知识库

在绘制图形之前，有个小技巧，我们可以先把要绘制的数据通过 print()语句打印出来。观测数据结构，然后再使用 axes 的方法来进行绘制。

5.8 本章总结

本章涉及的内容相对多一些，但应该算是比较有总结性的一章。前面学习的知识最终在本章体现：

- 了解使用 Numpy 生成数据的方法；
- 学习 Pandas 的两个核心数据结构：Series 和 DataFrame；
- 运用 Series 和 DataFrame 来进行数据分析；
- 学会使用 Pandas 和 matplotlib 来进行可视化。

不知道各位读者学完本书有没有花掉 30 天？其实本书涉及的每个内容单独抽出来都可以写成一本书。但我们希望通过这种方式，让读者能够体会 Python 这种简单但又强大的语言在数据处理中的应用。如果学完本书之后，读者想对其中的技术进行深入了解，那么我们推荐读者访问这些开源技术官方网站，它们才是这些技术开始的地方。

```
https://www.python.org/
https://requests.readthedocs.io/
https://developer.mozilla.org/en-US/docs/Web/HTML
https://pandas.pydata.org/
https://matplotlib.org/
```

反侵权盗版声明

    电子工业出版社依法对本作品享有专有出版权。任何未经权利人书面许可，复制、销售或通过信息网络传播本作品的行为；歪曲、篡改、剽窃本作品的行为，均违反《中华人民共和国著作权法》，其行为人应承担相应的民事责任和行政责任，构成犯罪的，将被依法追究刑事责任。

    为了维护市场秩序，保护权利人的合法权益，本社将依法查处和打击侵权盗版的单位和个人。欢迎社会各界人士积极举报侵权盗版行为，本社将奖励举报有功人员，并保证举报人的信息不被泄露。

举报电话：（010）88254396；（010）88258888

传　　真：（010）88254397

E-mail：dbqq@phei.com.cn

通信地址：北京市海淀区万寿路173信箱

　　　　　电子工业出版社总编办公室

邮　　编：100036